宇宙の基礎教室

長沢 工 著

地人書館

まえがき

　恒星について、銀河について、宇宙について、知っているつもりでいても、いざ説明しようとなると、なかなかうまくできない。そんな経験をされた方もあるのではないでしょうか。実をいうと、国立天文台で電話の質問に答えていて、私自身何度もそういう思いをしています。
　「天文台にいて、天文学を専門にしているのに、そんなことでは困る」といわれるかもしれませんが、正直のところ、そんな状態です。いまや天文学の範囲は大きく広がり、専門は細分化され、よほど優れた人でないかぎり、そのすべてに精通することなど、とてもできることではありません。私の専門は、ひとつは「流れ星」であり、もうひとつは「位置天文学」です。したがって、それ以外の分野、たとえば「恒星天文学」とか「宇宙論」などに対して、私の知識は、ほとんど素人と大差はなかったといってもいいでしょう。
　しかし、そんなことにはお構いなく、いろいろの言葉だけは世の中に飛び交います。天文にそれほど関心のない方でも、たとえば「ブラックホール」や「ビッグバン」などという言葉を聞いて、「ブラックホールとはいったいどんなものか」、「ビッグバンとは何か」と疑問をもたれることもあるかと思います。そして、国立天文台にも、その種の問い合わせがしばしばあります。自分の疑問を率直に問いかける方もあり、生徒の質問に答えようとして学校の先生が訪ねてくることもあり、さまざまな年齢、さまざまな階層から、さまざまな質問が寄せられます。そうした質問に回答を繰り返すことで、私自身、かなりいろいろの勉強をさせてもらいました。
　この本は、恒星、銀河系、銀河、宇宙などに関するそうした単純

な疑問に対して、100余りの項目を選び、だれにも理解ができるように、一応の回答を書いたものです。それぞれの分野の専門家がいるのに半分素人の私があえて書いたのは、日頃の回答を基礎にして、あまり深い内容には触れずに、多少は一般の方にわかりやすい説明ができるかもしれないと考えたからです。

　しかし、書き上げてみると、あまりそれが成功したとは思えません。読み返してみると、わかりにくいところ、不十分なところも多々あります。日に日に進んでいく分野に対しては、説明がもはや時代おくれかもしれません。項目のバランスも悪く、本来採り上げるべきでありながら、欠けている項目もたくさんあります。これらはすべて私の力不足によるもので、お詫びするしかありません。

　それでも、もしかすると、この本の説明で、何かの疑問が「わかった」と感じる人があるかもしれません。ただそれだけを期待して、私はこの本を送り出すことにします。どんな形であれ、この本が、宇宙に関する疑問を解く糸口になれば幸いです。

2001年3月　　　　　　　　　　　　　　　　　　　　　　　長沢　工

宇宙の基礎教室　目　次

第一章　恒　　星

[恒星の性質]

質問1．星の明るさはどのようにして決めるのですか ………………… 3
質問2．星の数はどのくらいあるのでしょうか ………………… 4
質問3．重星とはどんな星でしょうか ………………………………… 5
質問4．連星とはどんな星でしょうか ………………………………… 6
質問5．星までの距離はどのようにして測るのですか（1．年周視差）……… 9
質問6．ヒッパルコス衛星は何を観測したのですか ………………… 12
質問7．絶対等級とは何ですか ………………………………………… 13
質問8．星には色があるのでしょうか ………………………………… 14
質問9．星の温度はどのようにして測るのですか …………………… 15
質問10．スペクトルでなぜ星の性質がわかるのですか ……………… 17
質問11．視線速度はどのようにして測るのですか …………………… 19
質問12．H・R図とは何ですか ………………………………………… 21
質問13．星までの距離はどのようにして測るのですか（2．分光視差）…… 22
質問14．星の大きさはどのようにして測るのですか ………………… 25
質問15．星の質量はどのようにして求めるのですか ………………… 27

[恒星の分類]

質問16．主系列星とはどんな星ですか ………………………………… 29
質問17．赤色巨星とはどんな星ですか ………………………………… 30
質問18．恒星風とは何ですか …………………………………………… 31
質問19．白色わい星とはどんな星ですか ……………………………… 32
質問20．チャンドラセカールの限界とは何ですか …………………… 33
質問21．重力赤方偏移とは何でしょうか ……………………………… 34

[恒星の進化]

質問22．星のエネルギーはどのように創られているのでしょうか …… 35
質問23．ロッシュ・ローブって何ですか ……………………………… 37
質問24．星はどのような生涯を過ごすのですか（単独星の場合）…… 39
質問25．近接連星はどのように進化するのですか …………………… 42
質問26．褐色わい星とはどんな星ですか ……………………………… 43

質問27. 星の種族とは何ですか …………………………………… 44

［さまざまな恒星］

質問28. 変光星とはどんな星ですか ………………………………… 45
質問29. 脈動変光星とはどんな星ですか ………………………… 47
質問30. 脈動変光星でどうして距離が測れるのですか ………… 50
質問31. 新星とはどんな星ですか ………………………………… 52
質問32. 反復新星とは何を反復しているのですか ……………… 54
質問33. X線新星とはどんな星ですか …………………………… 54
質問34. 超新星とはどんな星ですか ……………………………… 56
質問35. ケプラーの新星とはどんな星ですか …………………… 58
質問36. 中性子星とはどんな星ですか …………………………… 58
質問37. ブラックホールとは何ですか …………………………… 59
質問38. 降着円盤とは何ですか …………………………………… 61
質問39. ニュートリノとはどんなものですか …………………… 62
質問40. スーパーカミオカンデについて教えてください ……… 64
質問41. 重力波とはどんなものですか …………………………… 65
質問42. 重力波はどのようにして検出するのですか …………… 67
質問43. 重力波の観測で何がわかるのですか …………………… 69

［太陽系と惑星］

質問44. 太陽系はどのようにしてできたのですか ……………… 71
質問45. 太陽は最後にはどうなるのですか ……………………… 74
質問46. 太陽系が動いていることはどうしてわかるのですか … 77
質問47. 惑星とはどういうものですか …………………………… 79
質問48. エッジワース・カイパーベルト天体とは何ですか …… 80
質問49. 系外惑星とはどういうものですか ……………………… 81
質問50. 系外惑星はどのようにして探し出すのですか ………… 83

第二章　銀　河　系

［星雲と星団］

質問51. 暗黒星雲とはどんなものですか ………………………… 87
質問52. 散光星雲とはどんなものですか ………………………… 89
質問53. 惑星状星雲とは何ですか ………………………………… 91
質問54. 超新星残骸って何でしょうか …………………………… 93
質問55. 星はどんなところにできるのですか …………………… 94

質問56. 散開星団とは何でしょうか ……………………………… 96
質問57. 球状星団とはどんなものですか ……………………… 97
質問58. アソシエーションとは何でしょうか …………………… 99
質問59. 星団までの距離はどのようにして測るのですか ……… 100

［銀河系の形と大きさ］
質問60. ハーシェルが描いた銀河系はどんなものだったのですか ……… 103
質問61. 球状星団の分布から太陽系の位置がわかったといいますが ……… 104
質問62. 銀河系はどんな形をしているのですか ……………… 106
質問63. 銀河系の恒星はなぜ平たい円盤型に集まるのでしょうか ……… 108
質問64. 太陽の公転速度はどのくらいですか ………………… 109
質問65. 銀河系の渦巻き腕はなぜ形がくずれないのですか ……… 111
質問66. 銀河系の質量はどのくらい？ ……………………… 112
質問67. 星間物質ってどんなものですか ……………………… 114

第三章　銀　河

［さまざまな銀河］
質問68. 銀河とはどんなものですか …………………………… 119
質問69. 銀河にはどんな形のものがあるのですか ……………… 120
質問70. マゼラン雲とはどんなものですか …………………… 121
質問71. 局部銀河群とは何ですか ……………………………… 122
質問72. 活動銀河とはどんなものですか ……………………… 124
質問73. セイファート銀河とはどんなものですか ……………… 124
質問74. 電波銀河とはどんなものですか ……………………… 125
質問75. 系外銀河までの距離はどのようにして測るのですか ……… 126
質問76. 赤方偏移 z とは何ですか ……………………………… 129
質問77. クェーサーとはどんなものですか …………………… 130
質問78. ガンマ線バーストとは何ですか ……………………… 131
質問79. 重力レンズとはどんなものですか …………………… 133

［宇宙の構造］
質問80. 銀河群、銀河団とは何ですか ………………………… 134
質問81. ボイドやウォールとは何ですか ……………………… 135
質問82. 超銀河団とはどんなものですか ……………………… 137

第四章　宇　宙　論

［宇宙の膨張］
質問83．宇宙膨張はどのようにしてわかったのですか ………………… 141
質問84．ハッブルの法則とはどんなものですか ……………………… 142
質問85．宇宙の年齢はどのようにして決めるのですか ……………… 144
質問86．暗黒物質とは何ですか ………………………………………… 145
質問87．宇宙はどこまで膨張するのでしょうか ……………………… 147

［ビッグバン］
質問88．ルメートルの宇宙論とはどんなものですか ………………… 148
質問89．ビッグバン理論とはどういうものですか …………………… 149
質問90．宇宙背景放射とは何ですか …………………………………… 150
質問91．インフレーション理論とはどういうものですか …………… 152
質問92．宇宙の大きさはどのくらいですか …………………………… 154

五章　観測計画、観測装置

［観測計画］
質問93．ハッブル宇宙望遠鏡とはどのようなものですか …………… 157
質問94．NGSTとは何ですか……………………………………………… 158
質問95．「すばる」はどんな望遠鏡ですか ……………………………… 159
質問96．VLTとはどんな望遠鏡ですか ………………………………… 161
質問97．45メートル電波望遠鏡について教えてください …………… 162
質問98．スペースVLBIとは何ですか …………………………………… 163
質問99　スローン・デジタルスカイサーベイとは何ですか ………… 165
質問100．CCDとはどんなものですか …………………………………… 166
質問101．VERA計画とはどういうものですか ………………………… 167
質問102．LMSA計画とはどういうものですか ………………………… 169

［観測装置］
質問103．赤外線はどのように観測するのですか ……………………… 170
質問104．X線はどのようにして観測するのですか …………………… 171
質問105．ガンマ線はどのようにして観測するのですか ……………… 174

第一章 恒　　星

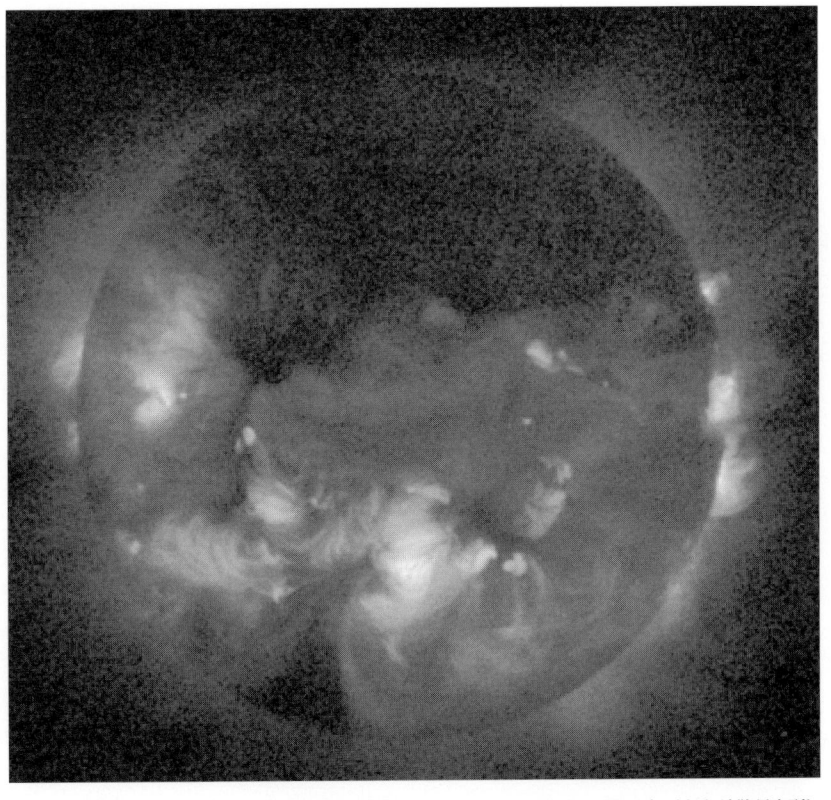

科学衛星「ようこう」による太陽面のＸ線写真（宇宙科学研究所）

【恒星の性質】

> 質問 1.　星の明るさはどのようにして決めるのですか

　古代ギリシャのヒッパルコスは、もっとも明るい 20 個ほどの星を 1 等星、肉眼で見ることができるもっとも暗い星を 6 等星として、目で見ることができるすべての星を、明るい方から暗い方に向け、1 等星から 6 等星までの六つの段階に区分しました。これが最初の星の明るさの表わし方でした。

　その後の観測によって、1 等星の明るさは 6 等星の明るさのほぼ 100 倍であること、等級が 1 等級明るくなるごとに、星の明るさはほぼ一定の倍率で増加することがわかってきました。

　こうした事実をもとにして等級の定義を改め、現在は 6 等星の明るさのちょうど 100 倍を 1 等星の明るさとし、1 等級明るくなるときに増加する明るさの倍率も正確に一定になるように定めています。この結果、1 等級明るくなるときの倍率は $100^{1/5} = 2.512$。つまり、1 等級明るくなるごとに、星の明るさはほぼ 2.5 倍になるのです。

　このように定義すると、1 等星より明るい星でも、6 等星より暗い星でも、その等級を正確に決めることができます。1 等星の 2.512 倍の明るさを持つ星は 0 等、そのまた 2.512 倍の明るさの星はマイナス 1 等になり、一方、6 等星より暗い星は 7 等、8 等と等級が増えます。また、たとえば 1.3 等というように、1 等と 2 等の中間のより細かい明るさを決めることもできます。

　ところで、4 等星の 7 倍の明るさをもつ星は何等星になるのでしょうか。このような計算をするための関係式があります。n 等星の明るさを L_n、m 等星の明るさを L_m とすると

$$n - m = 2.5 \log(L_m/L_n)$$

と書くことができ、これをポグソンの式といいます。

　いまの例であれば、$L_m/L_n = 7$ と置くことで $n - m = 2.11$ となり、$n = 4$ ですから $m = 1.89$ となる。つまり、4 等星の 7 倍の明るさの星は 1.89 等なの

です。ポグソンの式は、星の明るさを計算するのに必要な関係式です。

　星の明るさのいくつかの例を挙げれば、全天でもっとも明るい星のシリウスはマイナス1.5等、七夕の織女星であるベガは0.0等、北極星は2.0等、北斗七星の柄の端から二番目の星である「おおぐま座ツェータ星」は2.3等です。このように、目で見た明るさによって決めた星の等級を実視等級といいます。

　現実に星の等級を決定するには、目標の星に望遠鏡を向け、小さな絞りを通して星の光を焦点に置いた光電素子(*)に導き、電流に変えて光量を測定します。星から出る光量が同じでも、空の状態が変われば実際に受光する量は変わりますから、既に明るさが正確にわかっている近くの標準星と交互に光量を測定して、その比較から目標の星の等級を決定します。

　この観測では、さまざまなフィルターをいれて、たとえばUBVの3色測光がしばしばおこなわれます。Uは紫外等級、Bは青等級、Vが実視等級で、それぞれに対して等級を測定するのです。もっと多色の測光がおこなわれることもあります。

質問2．　星の数はどのくらいあるのでしょうか

　数が多い形容として、よく「星の数ほどある」といいますが、目で見ることができる星の数はそれほど多くありません。仮に6等星まで全部が見えたとしても全天で8000個程度で、そのざっと半分は地平線の下に隠れていますから、地平線の上には約4000個ということになります。

　現実には、大気による減光で地平線に近いところの暗い星は見えません。したがって3000個も見えれば、素晴らしい星空ということになるでしょう。最近の都市では空が市街光に明るく照らされているため、実際に見える星数はそれよりずっと少なくなっています。

　望遠鏡で見れば、もっと暗い星まで見えます。仮に21等の暗い星まで数えたとすると、全天で29億個ぐらい見えるそうです(表1.1)。しかし、これでも

(*)：光が当たると、その強さに応じて電流に変える素子

2000億個とも3000億個ともいわれる銀河系全体の星数からみれば、ごく一部にすぎません。

宇宙全体には、数1000億個とも、それ以上ともいわれる数の銀河があります。大きい銀河も、小さい銀河もありますが、そのそれぞれに何10億から何1000億個もの星があります。そうすると、全体でどのくらいになるでしょうか、皆さんで、およその見当をつけてみてください。

【表1.1】全天の星の数（理科年表から）

実視等級	星数	実視等級	星数	実視等級	星数	実視等級	星数
-1	2	5	2000	11	8.7×10^5	17	1.4×10^8
0	7	6	5600	12	2.3×10^6	18	2.8×10^8
1	12	7	1.6×10^4	13	5.6×10^6	19	4.2×10^8
2	67	8	4.3×10^4	14	1.3×10^7	20	7.1×10^8
3	190	9	1.2×10^5	15	3.2×10^7	21	1.3×10^9
4	710	10	3.5×10^5	16	6.9×10^7	合計	2.9×10^9

質問3. 重星とはどんな星でしょうか

大気の澄んだ、月のない夜に空を見上げると、たくさんの星が見えます。その中に、二つがごく近くに寄り添っているように見える星もあります。たとえば、北斗七星の柄の端から数えて二番目の星を見てください(図1.1)。これは「おおぐま座ツェータ星」で、ミザールという名前の2.3等星です。そして、よく見ると、そのそばにもう一つ、やや暗い星がくっついているのがわかるでしょう。これはアルコルという名前の4等星で、日本では「そえ星」という名がつけられています。

このように、重なり合いそうに接近して見える二つの星を重星といいます。二つだけでなく、三つ以上の星がかたまって見える重星もあります。二つの場

合は二重星、三つの場合は三重星です。

　このような重星には、たまたま見かけの方向がごく近いだけで、地球からそれぞれの星までの距離が大きく異なっているものもありますし、二つの星までの距離がほとんど同じというものもあります。距離がほとんど同じ場合には、それらの星が力学的に結びついて、お互いの周りを回り合っていることが多く、このような重星は特に連星と呼ばれます。ミザールとアルコルは単に見かけの方向がほぼ一致しているだけの重星で、地球からそれぞれの星までの距離は78光年と81光年です。

　目で見たときは二つの星に見えなくても、望遠鏡で見ると重星であるとわかることもしばしばあります。たとえば、「はくちょう座ベータ星」のアルビレオは、黄色の3.1等、青い5.1等の二星による色の対比が美しい重星です。さきに挙げたミザール自体も実は連星で、望遠鏡で見ると2.3等、4.0等の二星に分離して見えます。(→質問4)

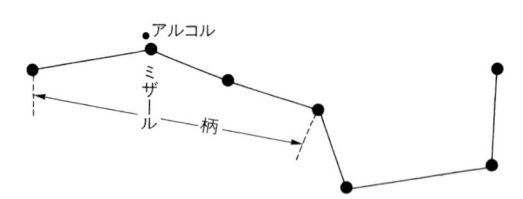

【図1.1】二重星。北斗七星のミザール（おおぐま座ツェータ星）とアルコル

質問4.　連星とはどんな星でしょうか

　二つの星が万有引力によって引き合い、お互いの周りを回り合う運動をしているとき、この二つの星を連星といいます。このとき、A星がB星を回るということもできますし、B星がA星を回るということもできます。また、共通重心の周りをA、Bの二星が回るといういい方もしますが、どれも同じことです。二つだけでなく、三個以上の星が連星になっている場合もあります。

　連星であることがもっともはっきりわかるのは、望遠鏡で二星が両方とも見

え、回り合っている運動が確認できる場合です。このような形で確認できる連星を実視連星といいます。このとき明るい方の星を主星といってAの記号をつけ、暗い方の星を伴星といってBの記号をつけます。たとえば、「おおいぬ座アルファ星」のシリウスは実視連星で、主星のシリウスAはマイナス1.5等、伴星のシリウスBは8.5等、図1.2のように50.1年の周期で回り合っています。

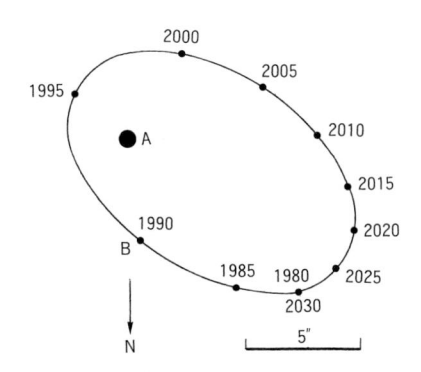

【図1.2】 実視連星シリウス(おおいぬ座アルファ星)の主星Aに対する伴星Bの動き

また、「カシオペヤ座イータ星」は、カシオペヤ座のW形の右から数えて二番目と三番目の星の中間にある3.5等星です。これは、望遠鏡で見ると3.5等の星のそばに7.5等の星がついていることがわかる実視連星で、480年の周期で回り合っていることが観測されています。

二つの星が回り合っていれば、一般に、共通重心から見てそれぞれの星が前後に振動する形になります。これを地球から見れば、それらの星からくる光は、ドップラー効果で波長が長い方へ、あるいは短い方へとずれるはずです。したがって、典型的な場合には、この連星のスペクトル線は周期的に2本に分かれたり、1本に見えたりすることを繰り返します。

このように、望遠鏡で二星に分離して見ることはできなくても、スペクトル観測から連星であることがわかるものもあり、これを分光連星といいます。「おとめ座アルファ星」はスピカの名のある1等星ですが、4日周期の分光連星であることがわかっています。

やや特異なものに、食連星があります。連星の回り合う軌道面が地球からの視線方向にほぼ一致するときは、ときに一方の星が他の星の手前にきてその光を遮るため、食現象を起こし、明るさが減ります。このように、周期的に暗くなることから連星であることがわかるものが食連星です。食変光星と呼ぶこともあります。「ペルセウス座ベータ星」のアルゴルは食連星として有名で、通常は2.1等ですが、2.867日ごとに食を起こして、図1.3のように3.5等まで減光します。

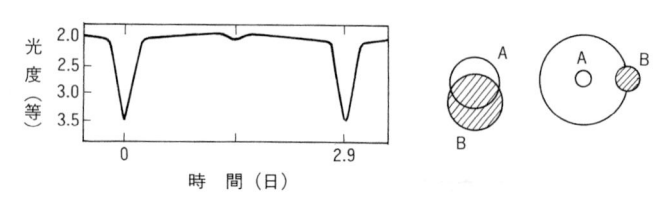

【図1.3】食連星アルゴル(ペルセウス座ベータ星)の変光曲線、主極小における二星の重なりぐあいと軌道の形
O.Struve,1967: *Astronomie*, p.382, W.de Gruyter Co.

「ぎょしゃ座エプシロン星」は27.1年という長い周期の3等の食連星で、半年かけて0.8等ほど減光し、その状態が1年続いてから、また半年かけてもとの明るさに戻ります。

二つの星の間の距離が非常に接近していて、星の直径の数倍から数10倍程度の距離で回り合っている周期の短い連星を、特に近接連星といいます。この種の連星は、お互いに質量をやったりとったりしながら、特別の進化をする場合があり(→質問25)、ときどき出現する新星は、この種の近接連星の一方が爆発して生じるものと考えられています(→質問31)。近接連星は、そのほかにも天文学上で種々の役割りのキーポイントを担うことがある重要な連星です。

連星とは、一般に恒星を対象とする言葉ですが、場合によっては小惑星の連星とか、連星のブラックホールとか、範囲を広げて使うこともあります。しかし、性質の大きく違う天体同志、たとえば、恒星とその惑星、あるいは惑星と衛星といった組み合わせに対しては、いくらお互いに回り合っていても連星とはいいません。

連星を構成している恒星の数は非常に多く、主星、伴星をそれぞれ一つの星

として数えると、恒星の半分以上は連星系であるといわれています。

質問 5.　星までの距離はどのようにして測るのですか（1. 年周視差）

　太陽系の外にある星までの距離はどのようにして測るのでしょうか。これは、一種の三角測量で測るのがその第一歩です。しかし、通常の三角測量とはちょっと違うところがあります。簡単なたとえによってこれを想像してみましょう。

　まず、ある地点Oから川向こうにある木Pまでの距離を測るとしましょう。現在は光波測距儀という便利な器械がありますから、目標の木Pに反射板を取り付け、この装置でO点から光を出し、その反射光を捕えることで簡単にOPの距離を知ることができます。

　しかし、星に反射板を取り付けることはできませんし、光を出しても反射して返ってくるまでに何年も何10年もの時間がかかりますから、この方法は使えません。

　いま、O点を中心として、たとえば半径30メートルの円を描き、その円に沿って歩きながら目標の木Pを見ることにします。その木のはるか向こうに

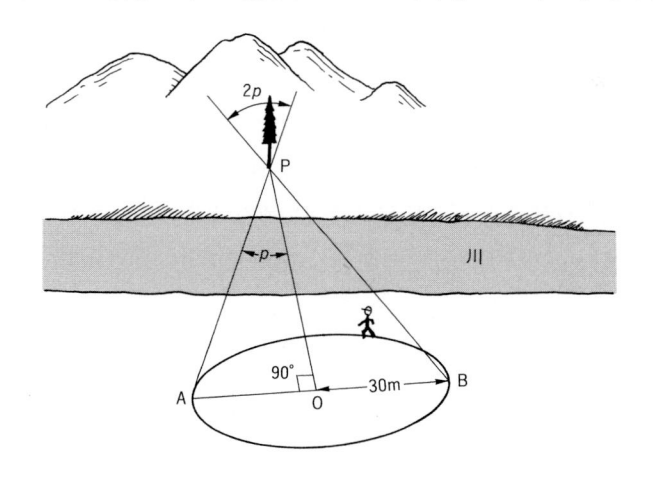

【図1.4】川向こうの木までの距離

は遠い山並みが見えます。歩くにしたがって、木Pはある山頂の、ときには右に、ときには左にと、見かけの位置を変えることがわかるでしょう。その円を何回も回れば、遠い山並みを背景にして、木Pは右へ、左へと往復運動をするように見えるはずです。

　PとOを結ぶ直線に直交する円の直径を図1.4のようにA、Bとします。このときPが揺れ動いて見える角を$2p$としますと、これは図から∠APBに等しいことがわかります。この角度を知ることができれば、OPの距離rは

$$r = \mathrm{OA}/\tan p$$

という簡単な関係で計算することができます。

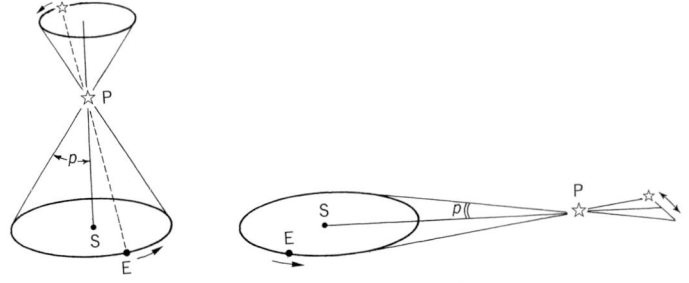

【図1.5】年周視差による星の動き

　ここで、Pを距離を知りたい目標の星に、Oを太陽(S)にと考え直すことにしましょう。Sの周りの円は地球の公転軌道です。そうすると目標の星は、地球が公転するのにしたがって、はるか遠くの天球を背景にして、右へ、左へと往復運動することがわかります。ただし、これは星が地球の公転軌道面上にあるときの話で、目標の星Pが地球軌道面に直交する方向にあればその星は見かけ上天球面に小さな円を描いて運動します（図1.5）。斜めの方向にあればそれは楕円になります。

　その円の直径や楕円の長径を角度$2p$で表わしたとき、角度pをその星の年周視差といいます。年周視差がわかれば、木の距離を求めたときと同様に、星Pまでの距離を計算することができます。

　年周視差pが角度でちょうど1秒であったと仮定したときの星の距離を1パーセクといいます。具体的には

$$1 パーセク = 3.086 \times 10^{13} \text{ km}$$

になります。星の距離を表わすのによく光年という単位を使い、これは1秒に約30万キロメートルの速度をもつ光が1年間に進行する距離で

$$1 光年 = 9.461 \times 10^{12} \text{ km}$$

に当たります。そして

$$1 パーセク = 3.262 光年$$

の関係があります。この関係を使えば、ある星の年周視差が角度の p 秒であったとき、その星の距離 r は

$$r(パーセク) = 1/p$$

$$r(光年) = 3.262/p$$

という簡単な式で書くことができます。さきほどの木の距離の計算式では $\tan p$ という三角関数が出てきましたが、p が小さい角のときは、p をラジアン単位で表わして $\tan p = p$ の関係がありますから、この式には三角関数が現われてこないのです。

現実に測定される星の年周視差は、太陽系にもっとも近い星であるケンタウルス座プロキシマでも、$p = 0.761$ 秒に過ぎません。年周視差が1秒より大きい星はありません。そして、地球上から年周視差が測定された星の数は1万星に達していません。一応信頼できる測定値が得られたのは2000星程度でしょうか。年周視差測定で距離を求めることができる星は、およそ数100光年までの、太陽にごく近い星だけなのです。

なお、ここでの話はその他の影響を考えに入れず、年周視差の影響だけで星の見かけの位置が動くとして説明しました。現実には、その他に光行差による楕円運動や固有運動による動きなどがあり、特に光行差は年周視差よりもずっと大きな動きです。年周視差による楕円運動はこれらの動きに重なっていますから、分離して年周視差を求める観測はなかなか困難なのです。

> **質問 6.　ヒッパルコス衛星は何を観測したのですか**

　星の距離を測ることは、質問 5 で説明したように、その年周視差を測ることに他なりません。そのためには、星の位置を高精度で観測することが必要です。

　星の位置を高精度に観測するときに、もっとも邪魔になるのは地球の大気です。風や気温差などで大気の状態が変化すると密度差が生じるため、望遠鏡に到達する星の像は動いたり、ぼやけたりするのです。そうした悪影響によって、地上で観測できる星の位置の精度は、一回の観測ではせいぜい 0.1 秒角が限度で、一般には、それよりずっと精度が落ちる観測をしています。そのため、地上から年周視差が測定できる星は数 1000 星が限度なのです。このような条件によって、年周視差が小さくて距離測定のできない星がまだまだたくさんありました。

　このような大気の問題を解決するもっともよい方法は、地球大気の外に出て観測することです。こうした見地から、ヨーロッパ宇宙機構(ESA)は、10 年以上の歳月をかけて、高精度視差観測衛星(High Precision Parallax Collecting Satellite ; HIPPARCOS)を開発しました。これがヒッパルコス衛星です。この衛星は口径 29 センチメートルのシュミットカメラを搭載し、0.002 秒の精度で、少なくとも 12 等級までの 12 万星の位置、年周視差、固有運動を観測しようとする人工衛星でした。

　ヒッパルコス衛星は 1989 年 11 月に打ち上げられ、1993 年 8 月の観測終了までに膨大な量の観測をおこないました。その観測結果は、1997 年にヒッパルコスおよびティコの星表として公表されています。これは全部で 17 巻の大部のもので、ヒッパルコス星表は目標としていたおよそ 12 万星の位置と年周視差を 0.001 秒の精度で表示しています。また、ティコ星表は 0.02 から 0.03 秒の精度で約 106 万星の位置を与えています。これらの星表は、これまでにない多数の星の位置などを高精度で表示したものといえましょう。これによって、過去とは比較にならないほど多くの星の年周視差が高精度で得られました。

　しかし、星の位置や年周視差の観測は、これで十分というわけではありませ

ん。位置天文学の伝統を誇るドイツは、DIVA という人工衛星を打ち上げて 3500 万星の位置をヒッパルコスの 5 倍の精度で測定しようという計画を発表しています。さらにヨーロッパ宇宙機構は 2012 年にガイア(GAIA)という衛星で、なんと 10 億個の星をヒッパルコスの 100 倍の精度で測定する計画を推進しています。これらの計画が順調に進めば、星の位置や距離についての人類の知識は一変するに違いありません。

質問 7. 絶対等級とは何ですか

　星には、1 等星とか 2 等星とか、さまざまな明るさのものがあります。それにしても、1 等星は 2 等星よりほんとうに明るいのでしょうか。地球から見ている限りでは、たしかに 1 等星の方が 2 等星より明るいのですが、これは 1 等星が近くにあり、2 等星が遠くにあるためかもしれません。それぞれの星のほんとうの明るさの大小、つまり星が出している光のエネルギーの量はどちらの方が多いのか、これは見かけの明るさだけではわかりません。

　これを比べるためには、星を同じ距離に置いて観察する必要があります。同じ距離から星を見ることは実際には不可能ですが、その状況を頭の中で考えることはできます。二つの星を比べるだけなら、同じでさえあればどんな距離でもいいのですが、一般的に扱うためには、適当な距離を決めておいた方が都合がいいでしょう。

　そこで、その一定の距離を 10 パーセク(32.6 光年)と決めています。そして 10 パーセクの距離から観察したと仮定したときの等級を、その星の絶対等級といいます。

　実視等級を m、絶対等級を M で表わし、その星の地球からの距離が d パーセクであるとすると、絶対等級と実視等級の関係は

$$M = m + 5 - 5 \log d$$

で表わすことができます。100 パーセクの距離にある 3 等星は、上式で $m = 3$、$d = 100$ とおけば $M = -2$ となるので、絶対等級がマイナス 2 等であること

がわかります。このようにして計算すると、実視等級マイナス 1.5 等のシリウスの絶対等級は 1.4 等、0.0 等のベガの絶対等級は 0.6 等、2.0 等の北極星の絶対等級はマイナス 3.6 等になります。われわれにとってもっとも明るい天体の太陽の絶対等級は 4.83 等になります。つまり、たくさんの星と比べると、太陽はあまり目立たない暗い星なのです。

質問 8. 星には色があるのでしょうか

　星はみんな白っぽく見えて、色がないように思えます。しかし、明るい星を見れば色があり、その色もさまざまであることがすぐにわかります。暗い星でも、双眼鏡や望遠鏡で見ると、その色がわかります。
　実際に夜空の星を見てみましょう。赤がはっきりしている星があります。たとえば、「さそり座アルファ星」のアンタレスはその代表格です。「オリオン座アルファ星」のベテルギウスも赤い星です。「おうし座アルファ星」のアルデバランもかなり赤みを帯びています。やや暗い星では、「ケフェウス座ミュー星」はガーネット・スターと呼ばれるように深紅色の星です。この星は 4 等星で、肉眼でも見えますが、色を見るなら望遠鏡を使った方がいいでしょう。
　これら赤い星とは反対に、青白い星もあります。「オリオン座ベータ星」のリゲルは白々とした星で、同じオリオン座のベテルギウスの赤とは対照的です。オリオン座周辺には、青白い星がたくさんあります。春の宵によく見える「おとめ座アルファ星」のスピカも白い 1 等星です。
　赤い星と白い星との中間で、「ぎょしゃ座アルファ星」のカペラは黄色い星です。そして、われわれにもっとも身近な太陽も黄色の星に属します。ここには代表的なものだけを挙げましたが、そのほかにもさまざまな色の星があり、似た色であっても、感じが微妙に違う星もあります。
　目で見て、このような星の色の違いが納得できなければ、望遠鏡で「はくちょう座ベータ星」のアルビレオを見て下さい。これは 3.1 等と 5.1 等の二重星で、一方が黄色、他方が青という見事なコントラストを見ることができ、星の色の

違いを確実に理解できるでしょう。このように色の対比が鮮やかな二重星は、他にもたくさんあります。

　星の色は、主としてその表面温度、つまりスペクトル型によって決まります。(→質問9)

質問9.　星の温度はどのようして測るのですか

　星の温度を知るためには、星のスペクトルのことを知らなければなりません。

　星のスペクトルを調べれば、星の個性についていろいろなことがわかります。天体物理学の基礎は恒星スペクトルにあるといってもいいくらいです。

　簡単にいえば、プリズムや回折格子などの分光器を使って、光を波長の長短の順に分けたものがスペクトルです。ガラスのプリズムを通して太陽光を見てみましょう。太陽を直接見る必要はありません。太陽光を反射しているものはたくさんありますから、その辺の景色を見ればよく、そこには虹のような七色が見えるはずで、それが太陽光のスペクトルです。紫色が波長の短い方、赤が波長の長い方で、空にかかる虹は太陽光のスペクトルそのものです。

　また、スペクトルは可視光線だけでなく、X線、紫外線、赤外線、マイクロウェーブ、電波など、あらゆる電磁波を対象に考えることができますが、ここでは可視光のスペクトルを中心に考えることにします。

　星のスペクトルは、望遠鏡で集めた星の光を細いスリットを通して分光器に導き、それを写真に撮影するか、それぞれの波長に対する光の強度を記録することで得られます。得られたスペクトルは、通常、連続スペクトルと、吸収線、輝線などの線スペクトルとが重なった形をしています。その連続スペクトルから、星の表面温度がわかるのです。

　物体は、いつも必ずその温度にしたがった電磁波を放射しています。波長によって電磁波の強度は違いますが、この放射はすべての波長に対し連続で、連続スペクトルをつくります。そして、一般に高温になるにつれ、波長の短いところの電磁波が強くなります。

あらゆる放射をすべて吸収し、放射する理想的な物体を黒体といい、この黒体が放射する電磁波の波長分布は温度だけで決まり、図1.6のような形をしています。図から、温度が高いほど、最大強度の波長が短波長側に移っていくのがわかります。

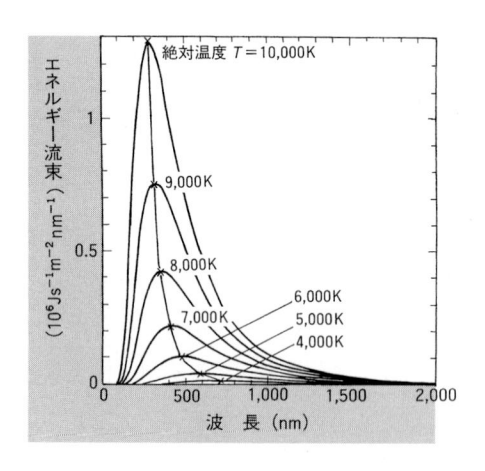

【図1.6】 黒体の放射

星もその温度にしたがって電磁波を放射し、連続スペクトルをつくります。しかも、星は黒体に非常に近い放射をしますから、その連続スペクトルの形によって、放射をしている星の表面の温度がわかるのです。

現実には、その連続スペクトルの状況、吸収線、輝線の現われかたを組み合わせ、恒星大気の高温のものから低温のものに向けて、恒星スペクトルをO型、B型、A型、F型、G型、K型、M型と分類することがおこなわれています。たとえば、A型では中性水素と電離したカルシウム、マグネシウム、鉄などの吸収線が強い、また、K型では水素の吸収線がほとんどなく、電離カルシウムの吸収線が強いといったように、それぞれの型の特徴が挙げられています。

こうして分類したスペクトル型と恒星の表面温度や色との関係は、およそつぎのようになっています。

O型	50000−28000度	青白		G型	6000−4900度	黄
B型	28000− 9900度	青白		K型	4900−3500度	オレンジ
A型	9900− 7400度	白		M型	3500−2000度	赤
F型	7400− 6000度	黄白				

　したがって、スペクトル型さえわかれば、そこから温度が決まるといっていいでしょう。

　このスペクトル型はそれぞれさらに10ずつに細分され、たとえばA型はA0型からA9型に分けられます。これに加えて、質問10で説明するように、スペクトルからガスの圧力がわかりますから、スペクトルを撮影した星が、ガスの圧力が小さく、半径が大きい巨星であるのか、あるいは太陽のような主系列星であるのかを区別することもできます。その判定に基づいて超巨星をI、明るい巨星をII、巨星をIII、準巨星をIV、主系列星をVとローマ数字の光度階級で表わし、これをスペクトル型に添えて表現することが一般におこなわれています。たとえば、G2型の主系列星の太陽のスペクトル型はG2Vです。同様に「おうし座アルファ星」のアルデバランはK5III、「オリオン座ベータ星」のリゲルはB8Iです。このように簡単に表現したスペクトル型から、温度を含めて星のおよその性質がわかるのです。

質問10. スペクトルでなぜ星の性質がわかるのですか

　スペクトルからわかることは、星の温度だけではありません。その他にもわかることはたくさんあります。

　まず、線スペクトルからは、星をつくっているガスの成分と圧力がわかります。

　連続スペクトルをもつ光が低温のガスを通過する場合を考え、たとえば水素原子のガスを通過するとしましょう。水素はそれぞれの原子が1個の電子をもっています。いま仮に、電子が原子核にもっとも近いK核の軌道にいるとしま

す。そしてここに光が当たると、電子はそのエネルギーを受けとって、K核からもっとエネルギーの高いL核、M核などに飛び移ります(図1.7)。すなわち励起します(*)。

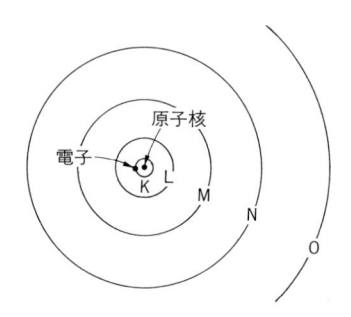

【図1.7】 水素原子の電子の軌道(模式図)

　このとき、光の方は、ちょうどそのエネルギーに相当する波長のところでエネルギーを失い、つまり、その波長の光が弱められます。そして、水素原子がたくさんあれば、それらの電子を励起する波長のところだけ連続スペクトルから光が失われ、スペクトルの光が細い線になって暗くなり、吸収線(図1.8)ができます(**)。したがって、もしこの波長のところに吸収線があれば、その光は水素原子のガスを通過したことがわかるのです。また、高温のガスそのもの

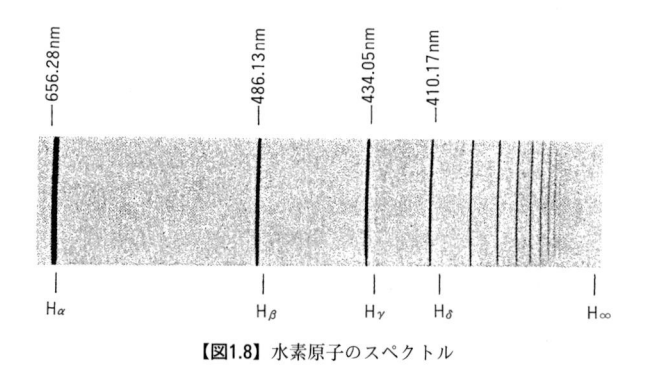

【図1.8】 水素原子のスペクトル

(*)電子をエネルギーの高い軌道に移動させることを「励起する」といいます。
(**)連続スペクトル上につくられた暗い線を吸収線といいます(図1.8)。

からは、そこに含まれる原子の特定の波長だけが明るくなる輝線が観測されます。

　いま、水素原子を例にとりましたが、他の原子や分子の場合も、ほぼ同様の過程で連続スペクトルの特定の波長の光を吸収し、吸収線や、もっと幅の広い吸収帯をつくります。どんな原子がどの波長に吸収線を作るかは綿密に調べられていますから、吸収線の波長を調べれば、その光が通過してきたガスに含まれる原子や分子の種類がわかる、つまり星のガス成分の分析ができるのです。

　星から出た光は、星の外側に広がっている大気を通過してから地球に到着します。したがって、星のスペクトルを調べれば星の大気の分析ができます。そして、吸収線の強度から大気成分の相対的な量もわかります。

　一般にガスの圧力が低い場合、原子は電子を失ってイオンになりやすい性質があります。その結果、低圧になると、同じ原子に対してイオンの吸収線が強くなります。したがって、たとえばガス中の電離したカルシウムイオンと、電離していない中性のカルシウム原子の吸収線の強度を比較すれば、そのガスの圧力を求めることができます。この方法によって、星の大気の成分と圧力がわかるのです。

質問11.　視線速度はどのようにして測るのですか

　星の運動は、大きく二つの成分に分けることができます。一つは、天球上で見かけの位置が変わる、視線に直交する方向の動き、もう一つは、見かけの位置を変えずに視線方向に近付いたり遠去かったりする動きです。この、近付いたり遠去かったりする動きの速度を視線速度といい、遠去かる速度をプラス、近付く速度をマイナスで表わす習慣になっています。

　星の視線速度はその星のスペクトル観測から求めることができます。

　音や光など、一定の波長で波を出している物体があるとします。固定している観測点からこの物体が遠去かったり、また近付いたりするときには、観測点では、その波長が初めに決まっていた一定値より増えたり減ったりして観測さ

れます。これをドップラー効果といい、波長のずれをドップラー偏移といいます。

　この効果によって、光を出している恒星が地球から遠ざかっているときはその波長が長い方にずれ、近付いているときには波長が短い方にずれて観測されます。

　たとえば、水素の吸収線の一つであるバルマー・アルファ線は656.3ナノメートルの波長ですが、その吸収線が仮に670ナノメートルの位置に観測されたとすれば、その恒星はわれわれから遠ざかりつつあることがわかるのです。

　もとの波長をλ、波長のずれを$\Delta\lambda$とすると、恒星の運動速度vは、cを光速として

$$\Delta\lambda / \lambda = v/c$$

の関係式で計算できます。上記の例からは、星が毎秒約6100メートルの速度で遠ざかっていることがわかります。

　運動速度が非常に大きくなると、上記の式では十分な精度が得られないので、代わって

$$\Delta\lambda / \lambda = \sqrt{(c+v)/(c-v)} - 1$$

の式を使わなければなりません。

　このように、スペクトル線のドップラー偏移を測定すれば、星の視線方向の移動速度を求めることができます。同じ原理で、脈動変光星の膨張や収縮、連星の相対運動などもわかります。これまでに太陽系外で発見されている惑星は、ほとんどすべて主星である星のドップラー偏移の振動を観測することで発見されたのです(→質問50)。さらに、銀河やクェーサーの後退、宇宙の膨張もすべてこのスペクトル線のドップラー偏移から求められます。

　スペクトル観測によってその星の視線速度を求めるこの方法は、天文学全般で広く使われています。

質問 12.　H・R 図とは何ですか

　星のもつさまざまな物理的性質の中から、その絶対等級と表面温度だけを取り上げます。そして、絶対等級を縦軸に、表面温度を横軸にとった図上にプロットするとしましょう。このとき、絶対等級は上に向かって明るくなるように、また、表面温度は右に向かって低くなるようにとるのが慣例になっています。

　たくさんの星をこの図上にプロットしたものがH・R図です。Hはデンマークの天文学者ヘルツシュプルング、Rはアメリカの天文学者ラッセルの頭文字です。この二人が、ほぼ同じ時期にこの図を描いて研究をしたことから、この図をヘルツシュプルング・ラッセル図と呼び、さらに縮めてH・R図というようになったのです。H・R図は、星の進化を研究し理解する上で便利であり、重要な役割を果たすもので、広く使われています。

　一般の星をこの形にプロットしてH・R図を描くと、そこには非常にはっ

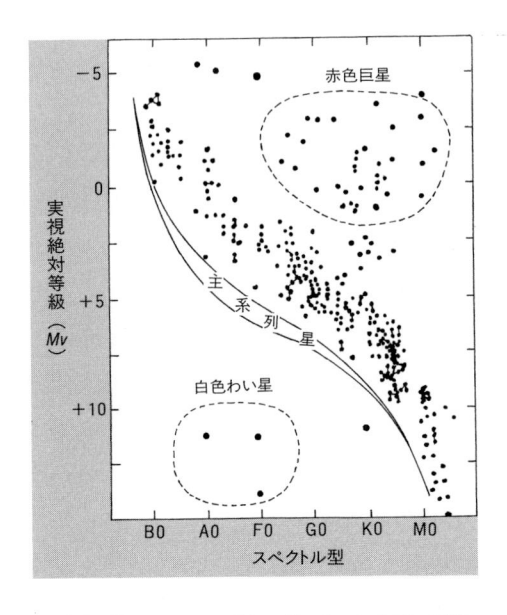

【図1.9】ヘルツシュプルング・ラッセル(H・R)図

きりした特徴的なパターンが現われます(図 1.9)。これを簡単に説明しましょう。

一つの特徴は、図からわかるように、左上から右下にかけてたくさんの星が線状に集中する領域があることです。これを主系列といい、ここに含まれる星を主系列星といいます。この主系列の右上に、星がパラパラと散らばった形で分布します。これらが赤色巨星といわれる半径の大きい星です。また、主系列の左下にプロットされているいくつかの星が白色わい星で、高密度の小さい星です。

H・R図の縦軸には光度をとることもあり、横軸にはスペクトル型や色指数をとることもあります。スペクトル型をとる場合は、左から右へO型、B型、A型、F型、G型、K型、M型の順になります。

ある特定の星団に含まれている星だけを対象にH・R図を描くこともあり、これはそれぞれの星の進化の段階を見るのに役立ちます。

質問 13. 星までの距離はどのようにして測るのですか(2. 分光視差)

質問5で年周視差を測定して星までの距離を測る方法を説明しました。しかし、年周視差を測定できるのは比較的太陽に近い星だけに限られます。もっと遠い星の距離を測る方法はないのでしょうか。

その一つとして、分光視差による方法を説明します。これは、星の等級を測る測光と、スペクトルによる分光を併用した方法です。

どんな星であれ、その星の絶対等級 M がわかれば、実視等級 m を観測することで距離 r を求めることができます。10 パーセクの距離で M の明るさの星を、どこにもっていけば m の明るさになるかを考えればいいのです。r をパーセク単位で表わすと、この関係は

$$\log r = 1 + (m - M)/5$$

と書くことができます。たとえば絶対等級が 1 等($M = 1$)である星が現実には 6 等に見えた($m = 6$)とすると、上の式で $\log r = 2$ となり、その星までの距

離は $r = 100$(パーセク)と計算されます。実視等級 m はたやすく観測できますから、星の距離を求めるためには、その星の絶対等級 M を求めさえすればいいことがわかります。

　ここでH・R図を考えてみましょう。H・R図には主系列の星が左上から右下にかけて並んでいます。そこにある程度の幅はありますが、これを一本の線と見なすと、スペクトル型がわかりさえすれば、そこから絶対等級 M を求めることができます。たとえばF型の星の絶対等級は3等程度です。したがって、分光観測でスペクトル型を決めれば、その星の絶対等級がわかり、距離を求めることができます。こうして求めた距離に対応するその星の年周視差を、その星の分光視差といいます。

　ちょっと待って下さい。こうしてスペクトル型から絶対等級を知ることができるのは、主系列の星だけです。その他の星はどうすればいいのでしょう。

　心配はいりません。星のスペクトルを丁寧に調べれば、その星が超巨星であるか、巨星であるかといった判定ができます。それに応じて絶対等級を決めることができるのです。

　具体的な方法の一つは、たとえばG、K、M型の星に対しては、波長393.4

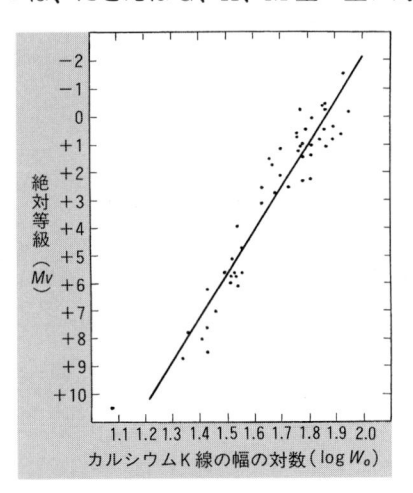

【図1.10】カルシウムK線の幅と絶対等級(W_0 は 0.1 ナノメートル単位の線幅)
O.C.Wilson et al., *Astrophys.J.* **125** p.661-683, 1957.

ナノメートルの吸収線であるカルシウム K 線の幅を見ることです。図 1.10 に示したように、この幅が広いほど星は巨星に近付き、明るくなって、絶対等級が小さくなるのです。O、B、A 型星に対しては、水素のバルマー線の強度から絶対等級の推定ができます。こうした方法で、主系列でなくても、そのスペクトルから星の絶対等級の推定ができるのです。参考までに、主系列から超巨星にいたる各光度階級のそれぞれの星に対する絶対等級を表 1.2 に示しておきます。

　この方法で決めることができる絶対等級は正確なものではなく、どうしてもある程度の誤差が含まれます。そのため、求めた距離の精度が多少落ちるのはしかたのないことです。ときに 20 パーセント程度の誤差が生じることは覚悟しなければなりません。

【表1.2】 スペクトル型に対する平均絶対実視等級
D.Mihalas et al., *Galactic Astronomy*,Freeman,1981.

スペクトル型	光度階級						
	V	IV	III	II	Ib	Ia	Ia0
O5	−5.6						
O9	−4.8	−5.3	−5.7	−6.0	−6.1	−6.2	
B0	−4.3	−4.8	−5.0	−5.4	−5.8	−6.2	−8.1
B5	−1.0	−1.8	−2.3	−4.4	−5.7	−7.0	−8.3
A0	0.7	0.2	−0.4	−3.0	−5.2	−7.1	−8.4
A5	1.9	1.4	0.3	−2.7	−4.8	−7.7	−8.5
F0	2.5	1.9	0.8	−2.4	−4.7	−8.5	−8.7
F5	3.3	2.1	1.2	−2.3	−4.6	−8.2	−8.8
G0	4.4	2.8	0.9	−2.1	−4.6	−8.0	−9.0
G5	5.2	3.0	0.5	−2.1	−4.6	−8.0	
K0	5.9	3.1	0.6	−2.2	−4.5	−8.0	
K5	7.3		−0.2	−2.3	−4.5	−8.0	
M0	8.8		−0.4	−2.3	−4.6	−7.5	
M2	10.0		−0.6	−2.4	−4.8	−7.0	
M5	12.8		−0.8				

質問 14. 星の大きさはどうして測るのですか

　星の直径は、見かけの角直径と、その星の距離がわかれば計算できます。たとえば、太陽の見かけの角直径は角度の 32 分 ＝ 0.00931 ラジアンで、距離が 1 億 5000 万キロメートルですから、これを掛け合わせるだけで太陽の実直径 140 万キロメートルが得られます。ただし、角直径を直接測定できる星は太陽だけで、それ以外の星はあまりにも小さすぎて、角直径を測ることはできません。

　しかし、光の干渉を利用すれば、小さい星の角直径を測定できます。星の光をある間隔 D を置いた二つの望遠鏡で受け、その光を一つに集めると、両方の光が干渉して干渉縞ができます。そこで D の距離を適当に加減するとその縞が消えます。そのときの D から星の角直径を求めることができるのです。1920 年にマイケルソンはこれを初めて実際に応用しました。彼はウイルソン山の口径 2.5 メートルの望遠鏡に長さ 6 メートルの干渉計を取り付け、6 個の星の角直径を測ることに成功したのです。

　現在はその方法が改良され、精度のよいものになっています。たとえば、アメリカ海軍天文台のノルドグレンたちは、37.5 メートルの長さの干渉計を使って、たくさんの星の角直径を測定した結果を発表しています。測定された角直径は、1 から 7 ミリ秒程度のものが中心です。距離さえわかっていれば、これはたやすく実直径に直すことができます。

　以上は、直接の観測で星の大きさを求める方法でしたが、ここでもう一つ、星の大きさを理論的に決める方法の概略を説明しましょう。

　H・R 図の右上にある赤色巨星は、図上の位置から、表面温度が低いのにたいへん明るいことがわかります。この状態を説明するには、どうしても光を出す面積が広く、星全体が大きいことが必要です。このような条件から、星の大きさの目安を付けることができます。これから先は、ちょっとした計算になります。

　簡単のために、星の光は黒体放射にしたがっていることにします。この仮定

は真実ではありませんが、真実にかなり近いものです。黒体放射では、つぎのステファン・ボルツマンの法則が成り立ちます。

$$F = \sigma T^4$$

これは、絶対温度 T の黒体の表面 1 平方メートルから放射されるエネルギーが F ワットであることを示す式です。この式から、放射されるエネルギーは温度の 4 乗に比例して増加することがわかります。σ はステファン・ボルツマンの定数で

$$\sigma = 5.67040 \times 10^{-8} \, (\text{Wm}^{-2}\,\text{K}^{-4})$$

の値ですが、この値は、ここの計算の結果には無関係です。

星を半径 R の球とすると、その表面積は $4\pi R^2$ です。ここから温度 T の黒体放射があるとすれば、星全体から出る放射エネルギー L は

$$L = 4\pi R^2 \sigma T^4$$

と書くことができます。この関係は太陽に対しても同様に成り立ちます。太陽に関する量に添字の s をつけて示すとすれば

$$L_\text{s} = 4\pi R_\text{s}^2 \sigma T_\text{s}^4$$

になります。この二つの式を辺辺割り算をして変形すると

$$R/R_\text{s} = (L/L_\text{s})^{1/2} (T_\text{s}/T)^2$$

の関係になります。この右辺の L/L_s は恒星の絶対等級から求めることができますし、T_s/T はスペクトル観測から求めることができます。したがって、求めようとしている星の半径は、その星の絶対等級と表面温度がわかれば、太陽半径との比、R/R_s として計算することができるのです。

こうして計算すると、H・R 図の右上の星の半径は非常に大きく、左下の星の半径はたいへん小さいことがわかります。それぞれの位置にある星が巨星、わい星といわれる理由がここにあるのです。たとえば、オリオン座にある巨星のベテルギウスは太陽の 1300 倍と、木星軌道より大きい半径をもつのに対し、わい星のケンタウルス座プロキシマは太陽の 0.07 倍と、地球の 8 倍程度の半径しかありません。

質問15. 星の質量はどのようにして求めるのですか

　質量に直接関係する力は万有引力だけですから、質量を求めるためには、何はともあれ、引力に関係する現象を観測しなければなりません。引力に関係する現象ですぐに思い付くのは連星の運動です。連星では、図 1.11 に示すように、主星を一つの焦点とする楕円軌道上を伴星が公転しています。しかし、その軌道面がわれわれの視線方向に直交しているわけではなく、一般に斜めに傾いていますから、見かけの軌道では、主星が楕円の焦点にあるわけではありません(図 1.12)。

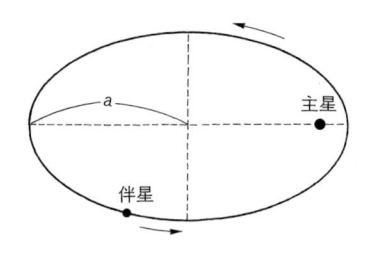

【図1.11】 軌道面の主星と伴星

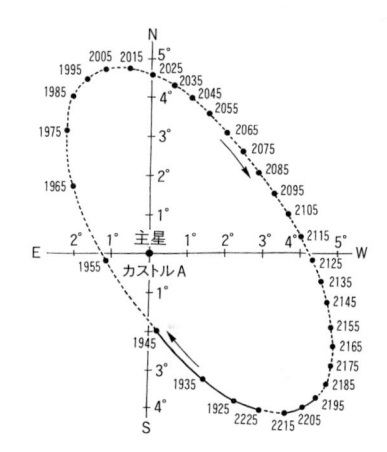

【図1.12】 カストル(ぎょしゃ座アルファ星)の伴星の見かけの相対軌道

　太陽の質量を単位にとって、主星の質量を m_1、伴星の質量を m_2 とし、楕円軌道の長半径を A 天文単位、公転周期を P 年とすると、ケプラーの法則から
$$(m_1 + m_2)P^2 = A^3$$
の関係が成り立ちます。この連星の年周視差を p 秒、軌道長半径の角距離を a 秒とすれば
$$A = a/p$$
の関係がありますから

$$m_1 + m_2 = a^3/(p^3P^2)$$

となります。P と p は観測で求められる量です。先に述べたように、軌道面が視線と直交しているわけではないので、見かけの軌道の長半径の角距離がそのまま a になるのではありません。a を求めるにはまだ多少複雑な手順が必要になりますが、それについてはここでは省略します。

とにかく a を求めれば、ここから二星の質量の和が計算できます。さらに、背景の恒星に対する不動点として二星の重心を決めれば、重心からそれぞれの星までの距離に反比例する条件から、二星それぞれの質量を求めることができます。ただし、連星が1公転するのに数10年かかることは珍しくありませんから、その軌道を決定してこの方法で質量を求めるのは気の長い仕事になります。

ただし、こうして質量を求めることができるのは連星だけで、孤立した単独の星については質量を知ることはできません。

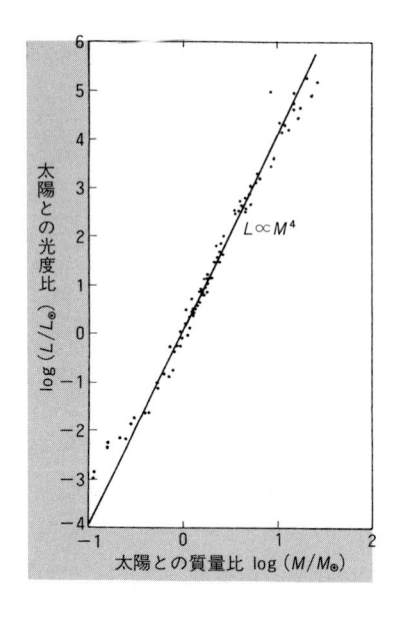

【図1.13】 質量光度関係
D.M.Popper, *Ann.Rev.Astron.Astrophys.* **18** p.115-164, 1980.

しかし、そこにも抜け道はあります。1924年にエディントンは、恒星の内部構造論をもとに、恒星の質量とその絶対等級との間に一定の関係があることを見出しました。これが質量光度関係といわれる重要な関係です（図1.13）。簡単にいえば明るさは質量の4乗に比例し、質量の大きいものほど星が明るいという関係です。いってみれば、背の高い人ほど体重が重いといったような関係です。したがって、絶対等級がわかれば、精度は落ちるにせよ、この関係から恒星の質量を求めることができます。

こうした方法で求めた星の質量には、あまり極端な違いはありません。ほとんどの星が、太陽の10パーセントから100倍の範囲に入ってしまいます。たとえば、シリウスの主星の質量は太陽の2.14倍、「へびつかい座ツェータ星」の主星は6.1倍、「はくちょう座32番星」の主星は太陽の23倍です。

【恒星の分類】

質問16. 主系列星とはどんな星ですか

一般の星をたくさんプロットしたH・R図では、左上から右下につながって、プロットした点が筋状に密集したところが現われます（図1.9参照）。この点のつながりを主系列といい、ここにプロットされた星が主系列星です。太陽は主系列星ですし、「こと座」のベガも、「おおいぬ座」のシリウスも主系列星で、主系列星はもっとも標準的な星といってもいいでしょう。

恒星進化の立場からいうと、星の中心部で、水素をヘリウムに変える核反応、いわゆる水素燃焼によってエネルギーを生み出している星が主系列星です。星は、その一生のほぼ90パーセントの期間を主系列星として過ごすといわれています。したがって、H・R図の主系列のところに星が集中するのは当然です。主系列が筋状に長く延びるていのは、それぞれの星の質量差を反映したものです。

長い時間が経ち、星の中心部に水素が欠乏してヘリウムの核反応が始まると、星の膨張が始まり、H・R図上でも主系列を離れて、右の赤色巨星方向への移

動を開始します。

質問 17.　赤色巨星とはどんな星ですか

　見かけが赤く、半径の大きい星が赤色巨星です。たとえば「さそり座」のアンタレスは、誰が見ても赤く、半径は太陽の 230 倍もあります。これは代表的な赤色巨星です。「オリオン座」のベテルギウスもやはり赤く、半径は太陽の 1300 倍もあります。仮にその中心を太陽のところに置くとすれば、木星軌道を超えるところまで星の中にスッポリ入ってしまうほどの大きさです。

　H・R 図の上で考えれば、主系列星の右上にあり、絶対等級が明るく、スペクトル型が K 型、M 型などで、表面温度の低い星が、赤色巨星です(図 1.9 参照)。

　では、どうしてこんなに大きい赤色巨星ができたのでしょうか。

　星が生まれたときは、その大部分が水素です。その水素が核反応を起こしてヘリウムに変わり、エネルギーを生み出します。星の出す熱も光も、ほとんどがこの核反応によるものです。この時期の星は主系列星といわれ、H・R 図では主系列の帯の上にいます。

　しかし、長い時間が経って水素が減ってくると、こんどはヘリウムが核反応を起こして炭素と酸素になるといった核反応が起こり始めます。そして水素の 1 割くらいがヘリウムになると、星の中心部の温度が上がってエネルギーの発生量が増加するため、星は少しずつ膨張を始めます。膨張すると、その表面温度は下がります。表面温度が下がることは星が赤くなることを意味します。こうして、星はしだいに赤色巨星になるのです。

　H・R 図では主系列星の右側上方が赤色巨星の領域ですから、星は主系列を離れて右上に移動していきます。その過程で、脈動変光星の領域に入れば、星は脈動を始めます。したがって、脈動変光星の多くが赤色巨星なのです。

　このような過程から、赤色巨星は、かなり年老いた段階の星であることがわかります。

質問 18. 恒星風とは何ですか

　星の周辺から外部に向けて、ほぼ定常的に物質が流れ出しているものを恒星風といいます。新星現象に伴うような爆発的な質量放出は恒星風には含めません。赤色巨星、超巨星など、H・R 図で主系列より右上部分にある星では、例外なく恒星風の吹き出しが観測されています。太陽からも恒星風の吹き出しがあり、これは特に太陽風と呼ばれます。

　星の外周部のガスには、星が重力によって内側へ引き付けようとする力に対して、ガス圧による力や、放射圧による力が外向きに作用しています。星が自転していれば、その遠心力による力も外向きに働きます。これら外向きの力が内側へ向かう力より大きいとき、表面のガスは外向きに流れ出して恒星風になるのです。大きさに差はあるにしても、外周部のガスには、ガス圧と放射圧の両方がいつでも作用しています。

　太陽には光球の外側に高温のコロナ領域があります。太陽の場合、主としてこの高温によるガス圧によって太陽風が生ずると考えられます。この形で生ずる恒星風を一般にコロナ型恒星風といいます。太陽風はコロナの中で電離した陽子と電子が主成分で、地球付近では毎秒 400 キロメートルもの速度で吹いています。

　これに対し、どちらかというと放射圧の影響を大きく受けて生ずる恒星風を放射圧型恒星風といいます。絶対等級が明るい赤色巨星などの巨星からの恒星風は、主としてこの型と思われます。極端ないいかたをすれば、星の光が強まり、その光圧でガスを吹き飛ばしているものが恒星風だということです。

　スペクトルに輝線があって高速で自転している B 型星などは、遠心力による赤道部からの質量流出も影響すると思われますが、詳細はよくわかっていません。

　質量が太陽の 7 倍に達しない星は、超新星爆発を起こすことはありませんが、進化の末期になると恒星風によってガスが表面からしだいに失われ、最後にはその中心部だけが白色わい星になって残ると思われています。

質問 19. 白色わい星とはどんな星ですか

　文字通りにいえば、白くて小さい星が白色わい星です。H・R図では、図1.9に示されているように、主系列の左下の領域にある星が白色わい星で、半径が太陽の100分の1程度、非常に高密度であることが一つの特徴です。

　この種の星が発見されたとき、そこにさまざまの疑問がもたれました。たとえば、全天でもっとも明るい星であるシリウスの伴星のシリウスBを考えて見ましょう。これは8.5等星で、観測から、この星の質量は太陽とほぼ同じなのに、その半径は太陽の60分の1以下であることがわかりました。ここから計算すると、平均密度は1立方センチあたり400キログラムもあることになります。その当時は、こんな高密度は本当なのか、どこかに間違いがあるのではないかと考えられたのです。

　これだけの密度になると、その表面重力は非常に大きいはずです。それなら、アインシュタインの一般相対論の効果で、そのスペクトルに重力赤方偏移が現われるはずです。エディントンのこの示唆によって、1925年にアダムズがシリウスBのスペクトルを撮影し、理論通りの重力赤方偏移を確認しました。これで、このような高密度の星が存在することが確実になったのです。現在は、「こいぬ座アルファ星」プロキオンの伴星で12.4等のプロキオンB、「うお座」にあって、14.4光年という近い距離にある10.7等のファン・マーネン星など、たくさんの白色わい星が確認されています。

　どうしてこんなに高密度の星ができたのでしょうか。

　星がしだいに年老いて赤色巨星になり、ミラ型の脈動変光星になったとしましょう。脈動変光星は膨張、収縮を繰り返して変光します。このとき、膨張から収縮に移り変わる過程で、もっとも外側のガス層に、外側への速度がつき過ぎて収縮に入ることができず、そのまま膨張を続けて星から離れてしまうということが起こります。一回に離れる量はわずかであっても、脈動を繰り返すうちに、水素の多い外側の層はしだいに失われます。

　こうして、数10万年程度の時間が経つと、赤色巨星は外層のほとんどを失っ

て、脈動を止め、密度の大きい中心部の核だけが残る形になります。これが白色わい星です。このように書くと、脈動星だけが白色わい星になるようですが、そうではありません。脈動しない赤色巨星も、星から吹き出す恒星風によってその表面がしだいに星から離れ、最後にはやはり中心部だけが白色わい星になって残ります。

　白色わい星はこのあとしだいに冷えて、光での観測ができなくなるものと思われます。白色わい星は星の最後の姿なのです。ただし、このような経過をたどるのは、主系列時代の質量が、太陽の7倍以下の星の場合に限ります。もっと質量の大きい星は、べつの進化経路をたどって超新星になると考えられています。

質問20. チャンドラセカールの限界とは何ですか

　質問19.「白色わい星とはどんな星ですか」のところで説明したように、質量が太陽の7倍以下の恒星の最後の姿が白色わい星です。しかし、これよりも質量が大きい星はどうして白色わい星にならないのでしょうか。これを決めているのがチャンドラセカールの限界です。

　通常の星は、内部のガスの圧力で上層のガスの重力を支え、両者の力が釣り合っていることで安定しています。しかし、白色わい星のように密度の大きい星の場合には、ガスの圧力では上層の物質を支えきれません。このような高密度の天体では、そこに含まれる電子が「縮退(*)する」という特別の状態になり、その縮退圧が星を支えているのです。

　しかし、その縮退圧でも、支えられる質量には限りがあり、その限界が太陽質量の約1.4倍です。この質量のことをチャンドラセカールの限界、チャンドラセカールの制限、チャンドラセカール質量などといいます。つまり、太陽の1.4倍以上の質量をもつ白色わい星は存在できないのです。主系列星時代に星

---

* 縮退：粒子が高密度に詰め込まれ、エネルギーの低い準位から埋められていく量子力学的現象。白色わい星では電子が縮退して、その縮退圧で星を支えている。

の質量が太陽の7倍以上あったとしますと、そこから進化する星の質量がこのチャンドラセカールの限界を超えるため、白色わい星にはなれないのです。なお、チャンドラセカールとは、この限界質量を初めて計算したインド出身の天文学者の名です。

白色わい星の質量がもしこのチャンドラセカールの限界を超えたとすると、上層の重さを支えきれなくなった星は急速に収縮し、その重力エネルギーが熱になって内部を高温にします。この温度により、各種の核反応が急激に進んでぼう大なエネルギーを生み出し、爆発を起こして、星全体を吹き飛ばしてしまいます。I型の超新星がその例です。

質問21.　重力赤方偏移とは何でしょうか

重力が非常に大きい天体から光が出る場合には、相対論的効果によって、その光が初めの波長より伸びた形で観測されます。この現象を重力赤方偏移といいます。天体が遠去かっている場合にはドップラー効果で赤方偏移が起こりますが、これとは別の現象です。

重力に逆らって物体が運動するときには運動エネルギーを失います。重力の加速度 g のところで、質量 m の物体が距離 d だけ上昇するとき、mgd の運動エネルギーを失うことは、初歩的な力学で学んでいます。

光は、光の粒子(光子)として出てくると考えます。光の振動数を ν、プランクの定数を h とすると、1個の光子は $h\nu$ のエネルギーを持っています。一般相対性理論から光子は $h\nu$ のエネルギーを持つ粒子として行動することがわかっています。重力に逆らって上昇するときには、それだけの運動エネルギーを失ってエネルギーが減少します。h は定数ですから、このときは ν が減少するしかありません。光速を c とすると、光の波長 λ は $\lambda = c/\nu$ の関係で表わされます。したがって ν が減少するとき λ は増加します。つまり波長が伸びるのです。これが重力赤方偏移の起る理由です。

この現象は太陽から出る光であっても、その他の恒星から出る光であっても

必ず起きているのですが、表面重力が小さい天体では偏移量が小さく、あまり問題になりません。白色わい星、中性子星といった表面重力の大きい天体で、やっと重力赤方偏移がはっきりわかる大きさになるのです。

1925年、アメリカのアダムズは、シリウスの伴星でこの重力赤方偏移が生じていることを初めて検出しました。この検出は、その伴星が表面重力の大きい白色わい星であることと、一般相対性理論が正しいことの二つを一挙に検証したものとして有名になりました。

【恒星の進化】

質問22. 星のエネルギーはどのように創られているのでしょうか

星がエネルギーを創り出す方法は大きく分けて二つあります。一つは、星自体が収縮して重力による位置のエネルギーを取り出す方法、もう一つは、原子核反応でエネルギーを得る方法です。

まず、重力による位置のエネルギーを考えましょう。地球の上では、同じ1キログラムの物体でも、高い位置にある方が大きいエネルギーをもっています。これは、物を高いところに運ぶのに仕事が必要なことからもわかります。反対に、高いところから物を落とせば、エネルギーを生み出します。ダムに貯めた水を落として水力発電ができるのも、この方法によるものです。一般に、重力の加速度 g のところで、質量 m の物体を距離 h だけ落とすときに生じる位置のエネルギー E は

$$E = mgh$$

の関係で表わすことができます。地球上で1キログラムの物体を100メートル落とすときに生まれるエネルギーは約1000ジュールで、これは1キログラムの水の温度を0.2度高める程度のエネルギーにあたります。

星でも、高いところから低いところへ物質が移動すれば同様にエネルギーを生み出します。大きく広がっていたガスが小さく収縮すれば、これは物質が落

下したことに相当しますからエネルギーが生まれ、ガスの温度は上昇します。温度が上がれば、それに応じた電磁波の放射が起こり、ある程度以上に温度が高くなれば光を出すようにもなります。

　これが重力による位置のエネルギーの効果です。星が生まれるときには、全体では膨大な量のガスが収縮しますから、星が形成される初期の時代には、星は位置のエネルギーだけで光り始めます。

　原子核反応によるエネルギーは、これに続く段階で生み出されます。

　星を作っているガスは、その大部分が水素です。重力による位置のエネルギーによって温度が1500万度ないし2000万度にまで上がると、水素が豊富にある星の中心部で原子核反応が始まります。このときには、水素の原子核、つまり陽子が4個合体して1個のヘリウムの原子核になる核融合反応が起こります。化学で扱う燃焼とは性質が違いますが、この反応を水素燃焼といいます。

　4個の水素原子よりも1個のヘリウム原子の方が質量が約0.7パーセント小さいので、この反応ではその分の質量がエネルギーに変換されます。質量mがすべてエネルギーEに変わるとすると、このEは、アインシュタインが導き出した

$$E = mc^2$$

という有名な関係式で表現されます。cは光速です。いま、水素燃焼で1キログラムの水素がヘリウムに変わったとすると、この間に7グラムの質量が失われ、約6.3×10^{14}ジュールのエネルギーが生み出されることがこの式からわかります。これは150万トンの水を0度から100度に熱することができる大きなエネルギーです。

　主系列の恒星は、ほとんど、この水素燃焼の核反応でエネルギーを創り出し、その一部を、波長の短い紫外線をはじめ、可視光線、赤外線、電波などの電磁波として放射しています。水素燃焼は恒星がエネルギーを創り出す中でもっとも中心的な役割を果たしている反応です。

　なお、エネルギーを生み出す核反応は水素燃焼だけではありません。恒星の中心部において水素が減ってヘリウムが溜まり、温度が1億5000万度程度になると、3個のヘリウムの原子核が融合して炭素の原子核になり、その炭素の

原子核が、さらにヘリウムの原子核と融合して酸素になるという核反応が始まり、ここでもエネルギーが生み出されます。この反応はヘリウム燃焼といいます。

ヘリウム燃焼が進むと、こんどは炭素燃焼でマグネシウムやネオンが作られ、さらにそれらが核反応を起こすという過程が起こります。そして、質量が太陽の10倍以上ある恒星では、酸素燃焼、ネオン燃焼、ケイ素燃焼などを経て、中心部に鉄の原子核が生じるまで反応が続きます。これらはすべてエネルギーを生み出す核反応です。

しかし、質量が小さい恒星では、鉄の形成のところまで反応を進めることができず、途中で止まってしまいます。ただし、ヘリウム燃焼以後に起るこれらの核反応は、水素燃焼に比べるとエネルギー生成の効率が悪く、継続時間もずっと短いものです。

このように、通常の星は、初めは重力の位置エネルギーで、そのあと長期間にわたって核反応のエネルギーで光を出し続けます。そして、質量の大きい恒星では、最後にもう一度重力による位置エネルギーの出番があります。すなわち、恒星進化の最後の段階で、上層のガスの重力を内部のガスの圧力が支えきれなくなると、崩壊が起こって、大きな位置エネルギーが瞬時に生み出されます。このときに内部が超高温になって、さまざまな核反応が一挙に起きますから、星は超新星になって粉々に吹き飛んでしまいます。超新星現象の引き金は位置のエネルギーが引くのです。

質問23. ロッシュ・ローブって何ですか

ロッシュ・ローブを説明するのはそう簡単ではありません。まずこれが、三次元空間の曲面を意味することを理解してください。ロッシュ・ローブを一言でいえば、「連星である二星を包み込む等ポテンシャル面が1点でつながったもの」となります。でも、この説明で理解できる人は少ないでしょう。もうすこし丁寧に、まず等ポテンシャル面から説明します。

ごく簡単にいえば水平面が等ポテンシャル面です。洗面器の中で静かになっている水面は等ポテンシャル面です。水量の多い少ないによって等ポテンシャル面はいくつもあるわけですが、二つの等ポテンシャル面が交わることはありません。

海流、風の影響、波などがないとすれば、地球を包む海面は等ポテンシャル面になるはずで、これにはジオイドという特別の名前がつけられています。地球の上の等ポテンシャル面は、単に地球の引力だけで決まるのではなく、地球の自転による遠心力の影響も含まれていることに注意してください。

さて、ロッシュ・ローブですが、これは近接連星に対してしばしば適用される考え方ですから、その場合について考えましょう。

いま、近接連星系があり、仮にその二つの星をいっしょに包み込む海があると考えましょう。これは頭の中で考える思考実験です。この海は、たとえば図1.14のような形になっているはずで、その表面は等ポテンシャル面です。二

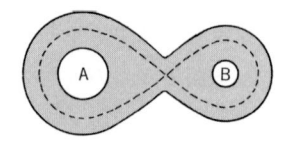

【図1.14】等ポテンシャル面(海面がロッシュ・ローブを超えている場合)

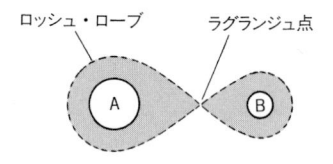

【図1.15】等ポテンシャル面(海面とロッシュ・ローブが一致している場合)

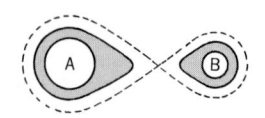

【図1.16】等ポテンシャル面(海面がロッシュ・ローブに届かない場合)

つの星は回り合っているので、ここには当然遠心力の影響も入っています。つぎに、この海水を汲み出して、少しずつ減らすことを考えてください。汲み出した水は、どこか宇宙の遠いところに捨てるものとします。すると、海面はだんだん下がりますが、表面はいつでも等ポテンシャル面です。

　海水を減らしすぎると、図 1.16 のようにそれぞれの星を別々に包む海になってしまいますが、その中間で、二つの星を包む海がただ 1 点で繋がっている図 1.15 の状態のところがあるはずです。このときの海面がつくる等ポテンシャル面を、この連星のロッシュ・ロープというのです。両側の等ポテンシャル面を繋いでいる 1 点をラグランジュ点といいます。ロッシュ・ロープは海水がなくても存在します。

　A、B 二つの星の連星系があり、どちらの星もロツシュ・ロープの内部にあるとしましょう。このとき、特別のことは起りません。しかし、その後に A 星だけが膨張し、膨張したガスがロッシュ・ロープを超えたとします。このとき A 星のガスは B 星の上に流れ込みます。このような形で質量のやり取りが起るため、近接連星の進化に対し、ロッシュ・ロープの考え方は重要な役割を果たすのです。

　A、B の二星を二重に包み込む形の(外側)ロッシュ・ロープもありますが、ここではその説明を省略します。なお、ロッシュは、天体の平衡形状について研究したフランスの天文学者の名前です。ロープとは袋の意味です。

質問 24.　星はどのような生涯を過ごすのですか（単独星の場合）

　どんな星でも、星である限り永遠に光り続けることはできません。時間の流れの中で進化し、いつかは星としての終わりを迎えます。その一生の長さや終わり方は、それぞれの星によって違いますが、その違いは、主として星の質量によります。また、単独で存在する星か、連星であるかにも関係します。

　単独の星の場合は、質量が大きい星ほど進化が速く、その一生の短いことがわかっています。また、質量が太陽の 8 パーセントより小さい場合は、中心部

の圧力が小さいために水素の核反応を起すに至らず、一人前の星にはなれません。したがって、ここでは質量が太陽の8パーセント以上の場合について述べることにします。

考える星の質量を M、太陽質量を $M_\odot$ で表わすことにすると、その一生は以下の場合に分けられます。ただし、分け方を決める質量値は、そう正確な数値ではありません。

$0.08\,M_\odot < M < 0.46\,M_\odot$ の場合

中心部で水素燃焼が始まって主系列の星になりますが、ヘリウム燃焼は起りません。水素が燃え尽きる頃には、中心のヘリウムの核で電子が縮退するので、そのままヘリウムを主体とする白色わい星になると思われます。しかし、質量が小さいこの種の星は寿命が永いので、仮に宇宙が始まったと同時に誕生したとしても、現時点ではまだ水素燃焼が続いている段階にあり、現実にこの過程を経て白色わい星になった星はないはずです。白色わい星になれば、その後はエネルギーを生み出す機構が働らかないので、時間をかけてゆっくり冷えていくだけです。

$0.46\,M_\odot < M < 7\,M_\odot$ の場合

水素燃焼がある程度進んで中心部にヘリウムが溜まると、ヘリウム燃焼の核反応が始まります。ヘリウム燃焼でヘリウムの原子核は炭素、酸素に変換されます。そのころから星は膨張し、やがて赤色巨星になります。その後しだいに外層部が星から離れて失われ、中心核の部分が炭素、酸素を主体とする白色わい星として残ります。太陽もこの進化の道筋をたどるはずです。この過程で、大きな爆発現象はおこりません。その後の白色わい星はやはり冷えるだけです。

$7\,M_\odot < M < 8\,M_\odot$ の場合

ヘリウム燃焼でできた中心核の温度が3億度くらいにまで上がると、中心部で炭素燃焼の核反応がはじまります。すると、核の温度がさらに急激に上

昇してさまざまな核反応が急激に起る、いわゆる核反応の暴走が始まって、大きなエネルギーが一挙に生み出され、星は超新星爆発を起こして吹き飛んでしまいます。あとには何も残りません。

$8\,M_\odot < M < 10\,M_\odot$ の場合

　炭素燃焼が始まっても核の温度がそれほど上がらず、中心部には炭素燃焼で生じたネオン、酸素、マグネシウムの原子核を主体とする中心核ができます。この中心核は縮退した電子の圧力で上層部を支えています。しかし、炭素燃焼が進行するにつれて、しだいに中心核の質量が増えてきます。その質量がチャンドラセカールの限界を超えたときに、その重量を支えきれなくなった中心核が崩壊し、このとき、崩壊の反動で生じる外に向かう衝撃波で、星全体が吹き飛ばされてしまいます。これはII型の超新星爆発です。この場合には、中心核の崩壊の結果生じた中性子星が、あとに残ると考えられています。

$10\,M_\odot < M < 40\,M_\odot$ の場合

　核反応がさらに進み、つぎつぎに重い元素が生み出されて、中心部に鉄の原子核ができるまで反応が続きます。最終的には、やはり中心核の質量が増えて重力崩壊を起こし、II型の超新星爆発を起こします。この場合にも中性子星が残ります。

$M > 40\,M_\odot$ の場合

　すぐ上に説明した場合と同様の経過をたどりますが、上層の質量が多過ぎるため、爆発ですべてを吹き飛ばすことができません。そのため、超新星爆発が不完全に終わり、星全体がつぶれてブラックホールになると推定されています。

質問 25. 近接連星はどのように進化するのですか

　太陽を身近に見ていると、星は単独で1個ずつ生まれるような気がしますが、銀河系全体を見回すと、単独星よりも、2個以上の星が連星になっている場合の方がはるかに多いことがわかります。一般的に星は連星として生まれ、単独星はむしろ例外といった方がいいのかもしれません。

　二つの星がその半径の数倍程度しか離れていない近接連星となっている場合は、相互に質量の交換が起るため、進化の状況は単独の星の場合と異なります。代表的な場合のおよその状況を考えてみましょう。

　A、Bの二つの星が近接連星で、Aの方がBより質量が大きいとします。この二つの星が同時に誕生したあと、それぞれは単独の星として進化を始めます。このとき、質量の大きいAの方がBより先に進化し、先だって赤色巨星に向かう膨張を始めることになります。

　Aが膨張し、そのガスが二星で作るロッシュ・ローブのうちAを取り巻く部分から溢れ出たとすると(図1.17)、溢れ出た分の質量はBに落下して降着します。その結果、Bの質量は増え、Aの質量は減ります。Aの質量が小さくなれば、Aを取り巻くロッシュ・ローブが小さくなりますから、Aの質量はさらに溢れて、どんどんBに落ちていきます。このBへの質量の流れ込みは、Aが中心核の部分だけになるまで続きます。その結果、Aは白色わい星にな

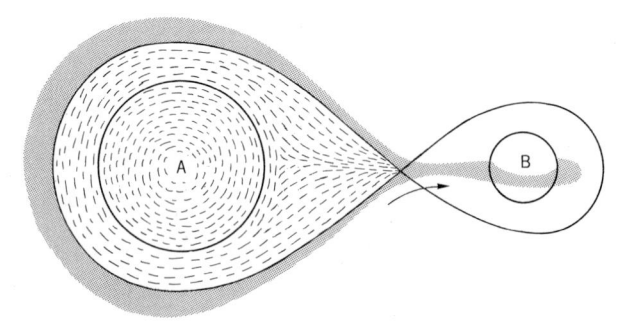

【図1.17】Aのロッシュ・ローブからあふれた質量がBに降着

り、質量の流れ込みはこれで一段落します。

　こうなると、こんどは質量が増えたBの進化が早まります。ある程度の時間が経過すると、こんどはBが赤色巨星に向かう膨張を始め、そのガスがBを取り巻くロッシュ・ローブを超えると、こんどはBの質量がAに流れ込むという、前述とは逆のプロセスが起こります。これが連星の質量交換です。

　こうした過程の中で、ロッシュ・ローブから溢れ出た質量が他方の白色わい星の上に降着して、チャンドラセカールの限界を超えたとすると、その白色わい星は崩壊を起こして核反応が暴走します。その結果生み出された大きなエネルギーで超新星爆発を起したものが、Ｉ型の超新星になるのです。

質問 26.　褐色わい星とはどんな星ですか

　星は宇宙空間のガスやダストが集まって誕生します。恒星としての誕生を特徴づけるのは、その内部で熱や光を生み出す核反応、すなわち水素をヘリウムに変える水素燃焼が始まることです。この核反応が起らなければ、星ということはできません。

　しかし、ガスやダストの集まり方が不十分な場合、中心部の温度が上がらず、水素燃焼が始まりません。太陽の0.08倍から0.013倍の間の質量の星では、重水素の反応で一時期ちょっと温度が上がって、多少の光を放ちはしますが、結局水素燃焼は始まらず、あとはそのまま冷えて暗くなってしまいます。この種の星が褐色わい星です。質量不足で恒星になりそこなった星といったらいいでしょう。

　現実の褐色わい星は1995年に「うさぎ座」で、18光年の距離にある8.1等星GL229の伴星としてはじめて検出されました。この褐色わい星は木星の20倍ないし50倍程度の質量をもつ17等星で、表面温度は1200K以下と推定されました。この褐色わい星GL229Bに続いて、その後いくつもの褐色わい星が確認されています。連星の片方の星として発見されることが多いものの、単独に存在している場合もあります。

すでに暗くなってしまって観測できない褐色わい星がどのぐらい存在するのか、はっきりわかってはいません。宇宙の暗黒物質の一部は、こうした褐色わい星によって占められているものと思われます。

質問 27. 星の種族とは何ですか

　星は大きく種族Ⅰの星と、種族Ⅱの星とに分けられます。これは宇宙の進化を考える上で、非常に重要な分類です。

　1944年に、アメリカのバーデは、青と赤のフィルターを使ってアンドロメダ銀河の写真を撮影しました。すると、青い星は銀河円盤とその腕の部分に集中し、赤い星は中心部のバルジ周辺に広がり、きれいに分かれて存在することがわかりました。この二種の星を区別するため、バーデは青い星を種族Ⅰ、赤い星を種族Ⅱと名付けることにしました。その後の研究で、この区別は非常に重要な意味をもつことがわかってきました。

　種族Ⅰの星は比較的高温の主系列星や散開星団の星で、銀河面内をほぼ円軌道で運動し、星の内部に重元素の割合が比較的高い傾向をもちます。ここでいう重元素とは、水素、ヘリウム以外のすべての元素のことです。太陽も種族Ⅰの星です。

　これに対して種族Ⅱの星は、渦巻銀河の中心部を取り囲む球状の部分に多く、楕円銀河や球状星団の星はほとんどすべてが種族Ⅱです。そして、何よりも大きい特徴は、水素とヘリウムが主要成分で、重元素をほとんど含まないことです。

　星にどうしてこのような区別があるのでしょうか。この説明には、つぎのようなシナリオが想定されています。

　宇宙が誕生して最初に生まれた星は、その成分がほとんどすべて水素であったと考えられています。その星は水素の核反応によってヘリウムを創りながら、星として存在します。このように、最初に星となった第一世代の星が種族Ⅱの星です。このとき、その成分が水素とヘリウムであるのは当然のことです。

第一世代の星の中でも質量の大きい星は進化が速く、内部ではヘリウムがさらに核反応を起こし、順次に炭素、酸素、マグネシウムから鉄にいたる重元素を創り出し、そして、最後に超新星爆発を起こしてその一生を終わります。このとき、その重元素成分は宇宙空間にばらまかれますが、こうして広がったガスが再び凝縮すると、そこから新しく第二世代の星が誕生することになります。こうして生まれたのが重元素を比較的多量に含む種族Ⅰの星です。このように考えると、種族Ⅰと種族Ⅱの星の違いがうまく説明できます。

現在見られる種族Ⅱの星は、宇宙創世以来の星ですから、当然のことながら、質量の比較的小さい主系列右下の赤い星で、第一世代の星としてずっと光り続けてきたものです。一方で質量の大きい星がこのように重元素を創っては超新星爆発でばらまくという過程を繰り返すとすれば、宇宙内の重元素の割合は一方的にだんだん増加することになります。

種族Ⅰと種族Ⅱの星では、同じ変光周期のケフェイド型変光星であっても平均絶対等級が異なり、種族Ⅱの方が約1.5等暗いことがわかっています。この事実が知られていない時代に周期光度関係を利用して求められていた系外銀河の距離は、この種族の区別が発見されたことによって、それぞれ以前の2倍以上の距離に改められました。

【さまざまな恒星】

質問28. 変光星とはどんな星ですか

恒星は非常に安定した存在で、一般的には、いつも一定の明るさで輝いています。しかし、その中には、人間が感知できる期間に、明るさが変化する星があります。これが変光星です。はじめ、変光星はごく特殊な星と考えられていましたが、現実には非常に数が多く、これまでに数万個の変光星が確認されています。

変光星にもいろいろの種類があります。変光星であることがもっとも早くわ

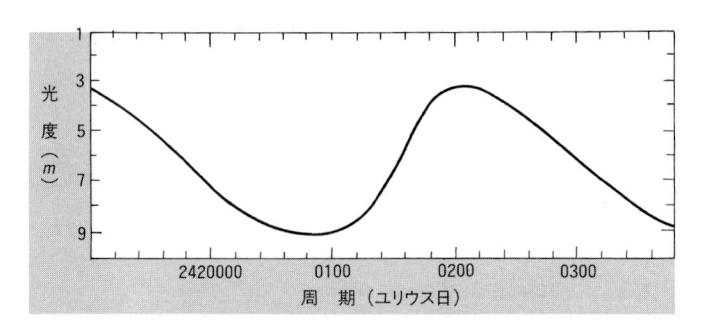

【図1.18】 ミラ(くじら座オミクロン星)の光度曲線

かったのは1596年にドイツのファブリチウスが気付いた「くじら座オミクロン星」のミラでした。ミラは図1.18のように約330日の周期で3等から9等ぐらいの間を、明るくなったり暗くなったりしています。これは星自体が膨張したり収縮したりするのにしたがって変光する、脈動変光星といわれるものの一種です。脈動変光星の中には、5.37日というずっと短い周期で変光する「ケフェウス座デルタ星」のようなタイプ(図1.19)もあります。

1667年に「ペルセウス座ベータ星」アルゴルの変光が発見されました。これは通常は明るさ2.1等の星が、2.87日ごとに、しばらくの間3.5等に落ち込む変光星です(→質問4,図1.3参照)。後になって、連星として回り合う二つの

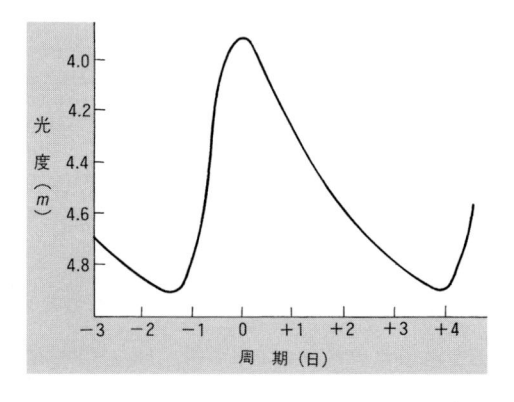

【図1.19】「ケフェウス座デルタ星」の光度曲線

星が見かけ上重なり合うとき、一方の星の光が遮られて暗くなることがわかりました。このタイプの変光星を食変光星といいます。この変光は見かけだけの変光で、恒星が本質的に明るさを変えるものではありません。

　回転星といわれる種類の変光星には、強い磁場があるために表面の明るさを一様に保つことのできない星が、自転することで変光して見える「りょうけん座アルファ星」、潮汐力で形が楕円体になっている近接連星が、自転によって見かけの面積を変えるため変光して見えるものなどがあります。

　また、爆発星といわれる種類のものは、星の表面で爆発が起って明るくなるタイプの変光星で、数秒のうちに数等も増光し、数分でもとの明るさに戻るフレア星といわれる種類の「くじら座UV星」、急に数等減光し、数10日から数100日でもとの明るさに戻る「かんむり座R星」、自転による遠心力で星の表面から物質が流れ出し、光を遮るダストを星の周りに生じるために変光するなど、いろいろの形式のものがあります。

　星の表面で、あるいは内部で突然に核反応が起こり、明るさが急激に変化するタイプの変光星もあり、激変星と呼ばれています。新星、超新星がこれに含まれます。これらも変光星には違いありませんが、一般に変光星と別に扱われますので、本書でも別項目で説明します。

　変光星はその数が多く、変光の形式や周期もさまざまで、変光の理由が突き止められていないものもたくさんあります。

質問29.　脈動変光星とはどんな星ですか

　星自体が膨張と収縮を繰り返し、それにしたがって明るさを変える星を脈動変光星といいます。脈動変光星でもっとも早く発見されたのは、ドイツのファブリチウスが1596年に気付いた「くじら座オミクロン星」のミラです。ミラは約330日の周期で、3等から9等の範囲で明るさを変えます(→質問28,図1.18参照)。ただしその周期も、極大、極小の等級も、そのたびごとに少しずつ異なっていて、確定したものではありません。分光観測により、変光にとも

なって星が膨張、収縮していることがわかったのは、100年以上後のことでした。ミラと似たような形で変光し、周期が80日〜1000日、変光の幅が2.5等以上に達する長周期の脈動変光星はミラ型として分類されますが、すべて赤色巨星です。

周期がもっと短い脈動変光星もあります。代表的な例は「ケフェウス座デルタ星」で、3.9等から4.9等の間を5.37日の周期で変光します(→質問28,図1.19参照)。ケフェウス型(セファイド)と呼ばれるこのタイプの変光星は、変光周期が1日〜70日くらい、変光幅が0.1等〜2等程度で、F型より高温の(図のF0より左にくる)スペクトルのものはありません。

脈動変光星には、そのほかに「こと座RR型」、「おとめ座W型」、「ケフェウス座ベータ型」などいくつもの種類があります。注目すべきことは、どの型の脈動変光星も、図1.20に示すようにそれぞれHR図のごく狭い範囲に集中

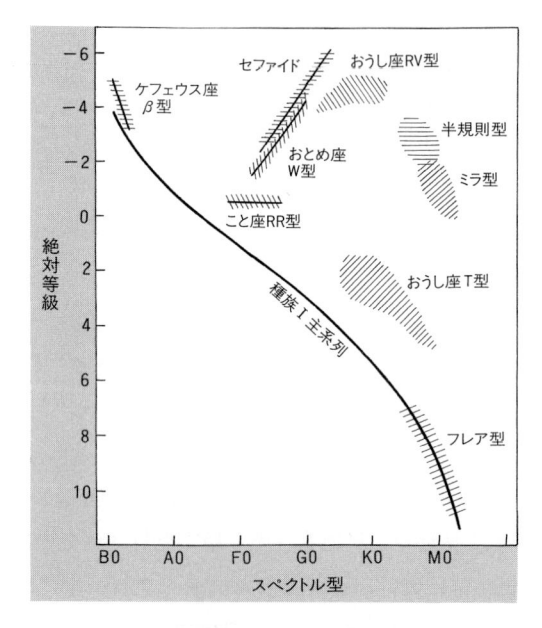

【図1.20】 各種脈動変光星のH・R図上の位置
H.W.Duerbeck et al.:*Landolt−Börnstein New Series*,Group VI,Vol.2b, (eds. K.Schaifers et al.)p.201,Springer-Verlag.

していることです。これは、変光星になることが、星の進化と密接に関連し、それぞれの質量の星が進化の過程で必然的に通過するものであることを示しています。

　ところで、これらの星は、どうして膨張、収縮を繰り返すのでしょうか。これを理解するのは少し難しいかもしれませんが、考え方の中心となる部分を、できるだけ簡単に説明しましょう。

　通常の星は、上層のガスの質量によって生ずる重力を、内部のガスの圧力が支えて、釣り合いを保っています。いま、何かのはずみで、この星全体が少し押し縮められたとしましょう。すると内部の圧力が増加して重力を上回るため、星は膨張を始めます。このとき膨張が釣り合いの位置で止まればそれで終わりですが、運動の慣性があるため、星は釣り合いの位置を通り過ぎるところまで膨張します。これは、振り子が釣り合いの位置を通り過ぎて、反対側に振れるのと同じことです。すると、こんどは内部の圧力が下がり過ぎて重力の方が大きくなるため、星は再び収縮に向かいます。こうして星は膨張、収縮を繰り返すようになります。これを星の自由振動といいます。

　しかし、一般の星では、仮に自由振動が起ったとしても、ガスの粘性などによって運動エネルギーは少しずつ熱に変えられ、振動はしだいに減衰して最後には止まってしまいます。これは振り子がいつしか止まるのと同じことです。

　脈動変光星のようにいつまでも膨張、収縮を繰り返すためには、何か特別のメカニズム、たとえば、振り子が釣り合いの位置を過ぎたときに、ちょっと押してやるような方法が必要です。このカギとなるのは、星の表面から数10万キロメートル下(といってもまだ表面近くです)にある、完全には電離していない水素やヘリウムの層だと考えられています。

　通常の恒星の内部のガスは、ほとんど完全に電離しています。そして、膨張のときに表面温度が下がって暗くなり、収縮するときに内部から熱が流れ出て温度を高め、明るくなります。しかし、はるか下の方に電離の不完全な層があると、内部からの熱が、不完全電離の水素やヘリウムを電離するのに消費され、表面に流れ出るのを押さえてしまいます。わかりやすくいえば、熱がその層に溜め込まれるのです。すると、つぎに星が膨張するとき、電離した水素やヘリ

ウムが再結合して熱を放出し、通常とは逆に、膨張の際に温度を高める働きをして振動を強める方向に作用します。これが、減衰することなく、振動がいつまでも続く理由で、カッパ・メカニズムと呼ばれています。

脈動変光星にさまざまなタイプがあるのは、それぞれの星の構造や不完全電離の層の位置などに関係すると思われます。

質問30. 脈動変光星でどうして距離が測れるのですか

脈動変光星は、それぞれの星ごとに変光周期が異なります。大・小マゼラン雲内の変光星を調べていたハーバード大学天文台のリービットは、1908年、マゼラン雲に含まれているケフェイド型変光星では、変光周期が長いものほど明るいことに気付きました。地球から見れば、それぞれのマゼラン雲までの距離はほぼ一定と見なすことができるので、この発見は、変光周期の長いケフェイド型変光星ほど、その絶対等級が小さく、明るいことを示しているのです。

ケフェイド型変光星について発見されたこの性質は、周期光度関係と呼ばれています。たとえば銀河系内のケフェイド型変光星に対しては、平均絶対等級

$M_V = -1.371 - 2.986 \log P$

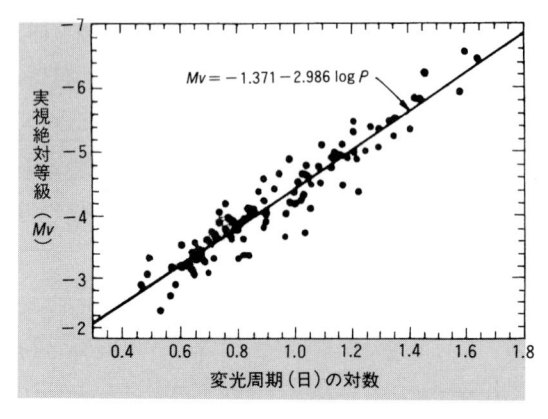

【図1.21】周期光度関係
W.P.Gieren et al., *Astrophys.J.* **418**, p.135, 1993.

M と変光周期 P(日)の間には、図 1.21 に示すように
$$M = -1.371 - 2.986 \log P$$
という関係が求められています。この周期光度関係の発見は、その後の天文学に大きな影響を与えることになりました。それは、この関係が、それまで測定が困難であった遠距離の星団や銀河までの距離を知る有力な手段となったからです。

星団や銀河までの距離を知るには、まずその星団や銀河に含まれているケフェイド型変光星を探し、その変光周期を測ります。この周期 P から、周期光度関係の式によって平均絶対等級 M を求めます。一方、観測からその変光星の見かけの平均等級 m がわかります。この M と m から、その変光星までの距離 d (パーセク)は
$$\log d = 0.2(m - M) + 1$$
という簡単な関係式で計算できるのです。

この方法で、たくさんの星団、銀河の距離が求められました。しかし、後になって、この関係に誤りのあることがわかりました。それは、恒星には重元素成分を比較的に多く含んでいる種族 I と、重元素成分の少ない種族 II の二種類があり、それまで知られていた周期光度関係は種族 I のケフェイド型変光星に対してだけ成り立つものであったのです。「おとめ座 W 型」といわれる種族 II のケフェイド型変光星は、同じ周期に対して平均絶対等級 M が約 1.5 等大きく、暗いのです。したがって、種族 II のケフェイド型変光星に対する周期光度関係は
$$M = 0.1 + 3.0 \log P$$
程度のものになります。この発見によって、たとえばアンドロメダ銀河は、それまで考えられていた距離から一挙に 2 倍以上に変えられました。周期光度関係を適用するには、その変光星のスペクトルを調べ、種族 I の星であるか、それとも種族 II の星であるかをはっきりさせておくことが必要です。

ケフェイド型変光星を使って、これまでにたくさんの銀河の距離が測られました。そのいくつかを挙げると、大マゼラン雲が 16 万光年、アンドロメダ銀河(M 31)が 250 万光年、さんかく座銀河(M 33)が 270 万光年、NGC 925 が 3000

質問 31. 新星とはどんな星ですか

　星の配置は天球上にいつも一定で、通常、その形が変わることはありません。ところが、いままで星が存在していなかったところに、突然星が見え出すことがあります。こういう星を新星といいます。特に明るいものは少なく、撮影した星野写真を以前に撮影したものと比較して発見する場合が多いのですが、ときには相当の明るさになるものもあり、眼視で発見されることもあります。1999年12月に発見された「わし座新星1999 No.2」は3.6等の明るさになって、肉眼で見ることができました。1975年の「はくちょう座新星」は2.2等になり、日本のアマチュアが眼視による最初の発見の栄誉に輝きました。1918年に出現した「わし座新星」は、マイナス1.1等の明るさに達したといわれています。

　こうして出現した新星は、数日のうちに9等から13等くらい明るさを増しますが、いつまでも明るいわけではなく、最大の光度に達した後はしだいに暗くなり、やがてまた見えなくなってしまいます。変光の例を図1.22および図1.23に示します。名前は新星ですが、これらはまったく何もないところに星

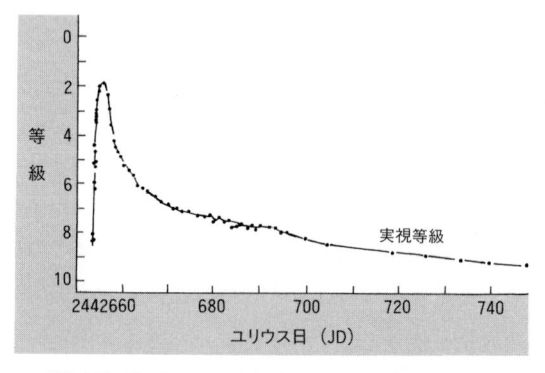

【図1.22】「はくちょう座新星1975」の光度変化
P.J.Young et al., *Astrophys.J.***209**,p.882,1976.

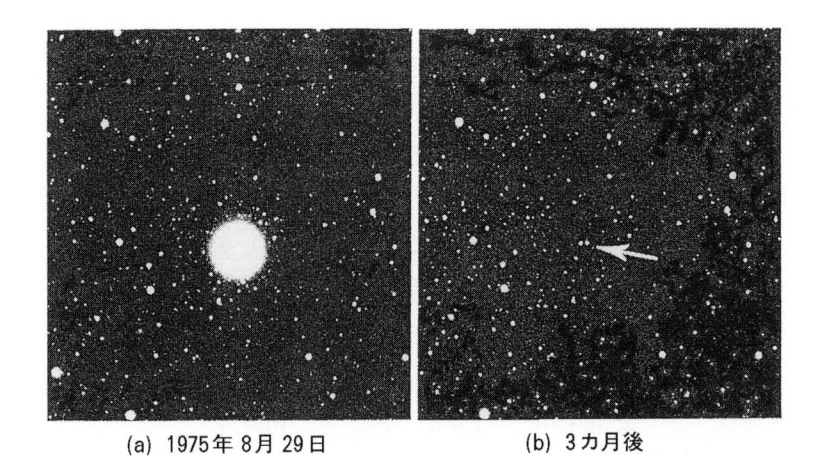

(a) 1975年8月29日　　　　　(b) 3ヵ月後

【図1.23】 はくちょう座新星 1975（リック天文台）

が出現したのではなく、それまで暗くて見えなかった星が急に増光して、目立つようになったものです。

　新星はどうして急に明るくなるのでしょう。新星はもともと赤色巨星と白色わい星の連星と考えられていて、これが新星となるおよその筋道はつぎのように説明されています。

　まず、赤色巨星の方が膨張し、ロッシュ・ローブを超えたそのガスが白色わい星の方に流れ込みます。流れ込んだそのガスがある程度白色わい星の表面に積もると、その底のところで急激に水素の核反応が起こって爆発し、一挙に光度を増して新星になるのです。したがって、新星の爆発は白色わい星の表面で起る現象で、星全体が中心から爆発するのではありません。新星は爆発のとき、$10^{37} \sim 10^{38}$ ジュール程度のエネルギーを放出し、絶対等級でマイナス6等からマイナス7等の明るさになると推定されています。

　発見される新星はほとんどが銀河系内のもので、通常は年間に数個のわりあいで見つけられています。それ以外でも、比較的近くの銀河であれば新星出現がわかり、たとえばアンドロメダ銀河では、いくつもの新星が検出されています。

質問 32. 反復新星とは何を反復しているのですか

　天球上の同じ場所に、二度三度と新星が繰り返し出現することがあります。このような新星を反復新星といいます。これは新星が反復して出現するといってもいいし、新星現象が反復して起ると考えても差し支えありません。文字どおりの意味では、同じ星が二回以上新星現象を示したものが反復新星です。

　具体的な例として、たとえば「へびつかい座 RS 星」は 1898 年、1933 年、1958 年、1967 年に繰り返し新星となった典型的な反復新星です。また、「みずがめ座 VY 星」は 1907 年、1929 年、1941 年、1942 年、1958 年、1962 年、1973 年、1983 年と 8 回も新星現象を示しているなど、いまのところ 10 個程度の反復新星が知られています。

　質問 31.「新星とはどんな星ですか」のところで説明したように、新星はもともと赤色巨星と白色わい星の連星です。赤色巨星が膨張するにつれて、白色わい星に流れ込んだガスが、その表面で核爆発を起こしたものが新星です。したがって、赤色巨星が膨張を続ければ、当然のことながらそのプロセスは繰り返され、新星現象も繰り返されることになるのです。その立場から考えると、反復新星は単に繰り返しの周期が短いだけのきわめて当然の現象で、一般の新星は繰り返し周期が非常に長いものと考えることもできます。しかし、反復新星は、増光の幅が一般の新星より多少小さく、爆発のときのスペクトルにもいくらか違いがあります。

質問 33. X 線新星とはどんな星ですか

　X 線を放射する天体を X 線星といいます。X 線星にも種類がいろいろありますが、銀河系内の強度の強い X 線星は、ほとんどの場合、通常の星が、白色わい星または中性子星のどちらかと近接連星になっているものです。このような型の X 線星から放射される X 線の強度はあまり安定したものではなく、

多かれ少なかれ変動します。その変動が特に激しいとき、X線新星として観測されます。

　X線新星は、1日から数日の間にX線強度が急激に強まり、その後数カ月かけて強度がゆっくりと減ります。この強度変化の様子が新星の光度変化に似ているので、X線新星といわれるのです。1975年8月に「いっかくじゅう座」に出現したX線新星 A 0620－00 は、200日もの間 X線強度の増加が観測されました。

　X線新星は、光でも新星として観測されることもありますが、光の増光はそれほど大きいものではなく、A 0620－00 の場合、X線が光の約200倍ものエネルギーを放射していました。逆に、一般の新星はX線をほとんど放射しません。X線強度が増して新星現象を示すのは、連星の相手である通常の星からのガスが高密度星に落ち込んで高温のプラズマとなり、そこからX線が放射されるためと思われます。

　X線強度の変化が激しく、1秒くらいで一挙に10倍にもなり、そのあと10秒ほどでもとの強度に戻る天体を特にX線バースターといいます。この現象は、オランダの天文衛星 ANS(Astronomische Nederlands Satellite)が、1976年に球状星団 NGC 6624 中のX線星で最初に発見したもので、最大強度のときには、放射エネルギーが太陽の10万倍にも達する、非常に大きな爆発現象です。これまでに数10個のX線バースターが発見されていて、その中にはたびたび爆発を繰り返しているものもあります。

　X線バースターは、近接連星の一方が中性子星の場合に、他方の星から中性子星の表面に落ち込んだガスが爆発的に核反応を起こしたものと考えられています。このとき、中性子星の表面全体は3000万度くらいに加熱され、それがX線を放射しながら徐々に冷えていきます。

質問 34. 超新星とはどんな星ですか

　質問 31.「新星とはどんな星ですか」のところで説明したように、いままで星が見えなかったところに、突然星が現われるのが新星です。そうした中で、通常の新星と比べてケタ違いに明るくなるものがあります。これが超新星です。たとえば、1054 年に「おうし座」に出現した超新星は、昼間でも見えたことが記録に残されています。

　超新星は、恒星進化の最終段階に大爆発を起こしたもので、恒星の最後の姿ということもできます。その際の極大絶対等級はマイナス 18 等からマイナス 20 等にもなります(図 1.24)。これは太陽の数億倍から数 100 億倍の明るさに相当します。また、放出されるエネルギーの総量は $10^{43} \sim 10^{45}$ ジュール程度で、通常の新星の 1000 万倍も大きいのです。

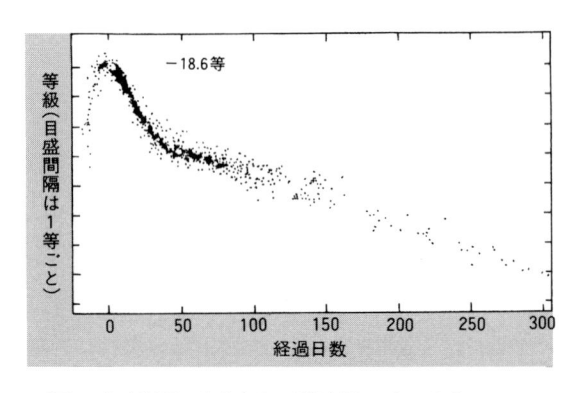

【図1.24】超新星の光度変化(I 型超新星 38 個の合成)
eds.,L.R.Lang et al. *A Source Book in Astronomy and Astrophysics* p.480 Harvard University Press.

　超新星は、一つの銀河で 100 年間に数個の割合で出現するといわれますが、われわれの銀河系では、1604 年に「へびつかい座」に現れた「ケプラーの新星」以後、出現の記録はありません。「カシオペヤ座」に Cas A という超新星残骸があり、これが銀河系でもっとも新しい超新星の跡と推定されますが、残念ながら、この出現にはまったく記録が残されていません。しかし超新星は非

常に明るく、遠くの銀河に出現しても検出できるため、1990年代に入ってからは、毎年数10個が発見され、1997年に100個を超えました。1999年にはほぼ200個が発見されています。今後はさらに多くの超新星が発見されるに違いありません。

　超新星は大きくI型とII型に分けられます。観測の立場からいうと、そのスペクトルに水素の線が見えないのがI型、水素の線がはっきりしているのがII型です。この違いは、超新星本来の性質の違いによるものです。

　I型の超新星爆発は、連星の一方が白色わい星である場合に起ります。他方の星からロッシュ・ローブを超えてガスが白色わい星に流れ込む場合を想定しましょう。流れ込むガスによって、白色わい星の質量がチャンドラセカールの限界を超えると、白色わい星は自分自身を支えきれなくなって崩壊します。そのとき、落ち込む物質の重力エネルギーが熱に変わるため中心部の温度が急激に上昇し、核反応が暴走して大きなエネルギーを生み出すため、星全体を吹き飛ばす爆発になるのです。

　II型の超新星爆発は、太陽の7倍以上の質量をもつ星が進化しつくしたときに起ります。この場合、それぞれの星の質量によって、炭素と酸素、あるいは酸素、ネオン、マグネシウムなどの、電子が縮退したガスの核が生じます。電子が縮退したガスの核は、体積を膨張させて温度を下げることができないので、これらの核で核反応が起ると、温度が急激に上昇します。その結果、核反応が暴走を始めて膨大なエネルギーを生み出し、星自体の重力を上回って、星を吹き飛ばしてしまうのです。ただし、II型の超新星では、核の部分が中性子星となって残ります。質量がさらに大きくて星を吹き飛ばしそこなった場合には、全体がつぶれてブラックホールになるといわれています。

　1987年2月に、銀河系のすぐ隣りの大マゼラン雲で、超新星SN1987Aが発見されました。銀河系内ではなかったのですが、肉眼で見える383年ぶりの超新星で、最大光度は2.8等に達しました。これは近代的観測が可能になってから現れたもっとも明るい超新星でしたから、さまざまな観測がおこなわれ、数多くの貴重なデータが得られました。

　特に、このとき日本、アメリカなどで超新星爆発にともなうニュートリノが

検出されたことは大きな成果でした。この超新星はⅡ型で、ニュートリノの放出が理論的に予言されていたのです。これによって、Ⅱ型超新星爆発の理論が、大筋で正しいことがはっきりしたといえましょう。

質問 35. ケプラーの新星とはどんな星ですか

1604年10月、「へびつかい座」に突然明るい星が見えだし、その明るさはマイナス2.5等にも達しました。その後しだいに暗くなりましたが、1605年の冬まで1年以上見えていたといわれます。現在、これはⅠ型の超新星であったことがわかっています。朝鮮の李朝実録にも記載がありますが、当時チコ・ブラーエの助手をしていたケプラーによって光度観測がおこなわれていることから、ケプラーの星、あるいはケプラーの新星などと呼ばれています。

現在、その位置には、いわゆる超新星残骸として、直径4分近くに広がったガスがかすかに見えるだけです。しかし、電波ではかなり強い電波源として観測され、その距離はおよそ1万4000光年と見積られています。

なお、ケプラーの新星以後、われわれの銀河系内で、超新星は観測されていません。

質問 36. 中性子星とはどんな星ですか

原子の原子核は、ふつうは陽子と中性子からできています。たとえばヘリウムの原子核は2個の陽子と2個の中性子で構成されています。陽子と中性子はほぼ同じ質量ですが、中性子はプラス、マイナスいずれの電荷もなく、電気的に中性で、これが中性子の名の由来です。

中性子星は、その名が示すように、中性子を主要の構成物質としている星です。陽子、電子など、中性子以外の素粒子も多少は含まれています。半径が10キロメートル程度なのに太陽程度の質量があり、密度が1立方センチあた

り平均5億トンもあるという、白色わい星をはるかに上回る、とんでもない高密度の星なのです。通常の星のように光で見えるわけではないのですが、数秒から数ミリ秒の間隔で規則正しく電波を出すパルサーとして観測されます。つまり、パルサーはすべて中性子星なのです。

パルサーはケンブリッジ大学の大学院生ベルが1967年に初めて気付いた星で、これは「こぎつね座」にあり、1.33秒の周期で電波を出しています。また、「おうし座」のかに星雲は1054年に出現した超新星の残骸ですが、この中心に、33.4ミリ秒周期のパルサーが発見されています。そのほか、これまでに発見されたパルサーは500個以上にのぼります。また、電波パルスは中性子星の磁気双極子放射によるものであり、中性子星の自転にともない、地球に向けて規則正しく放射されるのです。

中性子星はどうして生まれるのでしょうか。太陽質量の7倍以上の質量をもつ星は、重い原子の創られる核反応が中心部でつぎつぎに進むため、静かに白色わい星に進化することはできず、中心部の温度が上昇して、一生の最後に大爆発を起します。この爆発がⅡ型の超新星として観測され、爆発のあと、星の核の部分の残ったものが中性子星であると考えられています。

質問37. ブラックホールとは何ですか

光さえ出られない、何もかも吸い込んでしまうといったイメージで語られ、ブラックホールは、訳のわからない化け物のように思われている一面があります。常識的にはかなり奇妙なところもありますが、物理学的には十分に研究され、性質がかなりよくわかっているもので、特別に不思議な存在ではありません。

ブラックホールの概念を直感的につかむため、思考実験をしてみましょう。地球表面から真上にボールを投げ上げたとします。一般には、このボールは地上へ落ちてきます。しかし、その速度を速めるのにしたがって、ボールの到達高度はしだいに高くなり、毎秒11.2キロメートル以上の速度になると、も

はやボールは落ちてきません。地球を離れ、太陽系空間へ飛び出してしまうのです。ボールが落ちてこなくなる境い目の速度を脱出速度といいます。

太陽の表面での脱出速度を計算すると、毎秒618キロメートルになります。つぎに、白色わい星を想定して、質量を変えずに太陽の半径を60分の1にまで押し縮めたと考えて下さい。このときの脱出速度は毎秒4,784キロメートルにもなります。さらに中性子星を考え、半径を10キロメートルにまで圧縮したとして考えると、脱出速度は16万3,000キロメートルと、光速の半分以上にもなります。

ここまでくればあと一息です。太陽をもっともっと押しつぶすと、どこかで脱出速度が光速と同じになるはずです。そうです。半径3キロメートルにまで小さくすると、脱出するには光速が必要になります。このように、脱出速度が光速と一致するときの半径をシュワルツシルド半径といいます。そして、物体の半径をそれ以上に小さく押し縮めれば、そこからは光の速度でも脱出できない、つまりブラックホールになるのです。

光さえ出られないこのようなブラックホールがあったとして、その存在がどうしてわかるのでしょうか。ブラックホールを直接に見ることはできませんが、その重力を受けて周辺の星が運動する様子から、また、そこに落ち込む物質が放射するX線などによって、その存在が推定できるのです。

具体的には、どんなブラックホールがあるのでしょう。大きく分けて二種のブラックホールがありそうです。一つは大質量の恒星が超新星爆発をしたか、あるいはしそこなった跡に残されるものです。たとえば、1966年に発見されたX線源の「はくちょう座X-1」は、そこから放射されるX線や電波の性質から、超巨星のHDE 226868と連星系をなしているブラックホールだと考えられています。もう一つは、大きな重力で押しつぶされて恒星系の中心部にできるブラックホールです。われわれ銀河系の中心部は、太陽質量の数100万倍に達する質量が1光年程度の領域に押しこまれ、ブラックホールを形成していると推定されています。すべての銀河は、その中心部にブラックホールがあるのかもしれません。

質問 38. 　降着円盤とは何ですか

　重力によってガスが収縮する状態を考えてみましょう。何か質量中心になるものがあってもいいですし、特になくてもかまいません。たとえば、恒星を形成するガスがしだいに集まっていく、ブラックホールにガスが落ち込んでいく、あるいは非常に広い範囲からガスがまとまって銀河を創るなどの場合がそれに該当します。とにかく、重力によってガスが集まっていく状態です。このときどういうことが起るかを頭の中で考える、いわゆる思考実験をしましょう。

　この場合、集まるガスは、全体としてある程度の角運動量をもっていると考える方が自然です。ガスが薄く広く拡散している状態であれば、その角運動量は全体の動きにほとんど影響しません。ガスの部分部分は勝手な動きをしていても、質量中心からの距離が大きく隔たったところでは、ガス全体として中心に対する接線方向の運動は、ほとんど問題にならないからです。

　しかし、このガスがしだいに収縮するとします。このとき、質量中心からの距離が半分になると、角運動量保存の法則によって接線方向の速度は 2 倍になり、距離が 100 分の 1 になれば、接線方向の速度成分は 100 倍になります。こうして、収縮して半径が小さくなるにつれて接線方向の運動速度は大きくなります。最初はほとんど角運動量の存在がわからず、ランダムに動いているようであったガスでも、角運動量の大きい部分は、半径が小さくなるにつれて接線方向の速度がしだいに増加します。ガスの密度が大きくなれば、粘性によって相互に引きずられるため、初めにもっていた角運動量によって、その部分のガスは全体として一つの軸の周りを同一方向に回るようになります。

　このようになると、そのガスには、回転による遠心力が外側に向けて作用するようになります。角運動量は常に一定に保たれますから、ガスの半径が小さくなるほど回転速度が増加して遠心力が大きくなります。そうして、どこかの値の半径のところで、重力によって中心に向かう力と、遠心力によって外側に向かう力が釣り合う状態になります。こうなると、そのガスはもはや中心に落ち込むことができず、中心のまわりに円盤状に分布して回転を続けるようにな

る。この状態になった構造のガスを降着円盤というのです。この思考実験で、降着円盤の大略のイメージをつかんでください。

　このような降着円盤は、宇宙にはかなり普通に存在すると思われます。恒星が誕生する過程では、原始星の周囲に降着円盤ができ、惑星はこの降着円盤の中から生まれたものと思われます。近接連星で一方の星のガスが他方の星に落ち込む場合にも降着円盤を形成します。ブラックホールや中性子星に落ち込むガスも降着円盤を作っていると思われ、銀河中心核の周りにも降着円盤が存在する可能性があります。

　このようにして生まれた降着円盤は、いつまでも安定して存在するのではありません。いままで考慮しなかったのですが、ガスの中に集積が起ることもありますし、また、ガスの粘性や、ガス中に磁場の影響によってエネルギーを失い、ゆっくりと中心に向けて落ち込んだりします。このときにX線を放射するなど、さまざまな現象が起るのです。そして降着円盤を作っている原始星からは、その磁場によって、円盤の軸方向にプラズマの流れが噴き出す宇宙ジェットを発生することが、最近の研究から示唆されています。

質問39.　ニュートリノとはどんなものですか

　ニュートリノは、電荷がなく、質量が非常に小さい素粒子の一種です。

　物質を細分していくと、ついにはその構成要素である原子にたどりつきます。その原子もさらにいくつかの素粒子からできていることがわかっています。素粒子は相互作用の強いクォークと、相互作用の弱いレプトンに大きく分けられます。マイナスの電荷をもつ電子はレプトンの一種で、電荷をもたないレプトンがニュートリノです。ニュートリノには、電子ニュートリノ、ミューニュートリノ、タウニュートリノの三種があり、それぞれに正、反の両方があると考えられています。

　ニュートリノの質量は非常に小さく、一般には質量ゼロとみなされていますが、最近の観測からは質量のあることが示唆されています。

原子核が自然にベータ崩壊をする場合を考えましょう。たとえば、^{14}C が ^{14}N に崩壊するときには、電子と(反)ニュートリノが放出されます。以前にはこの反応で電子だけが放出され、エネルギー保存則は成り立たないと考えられていました。1931年にパウリが初めてニュートリノの放出を仮定してエネルギー保存則を成り立つ形にしたのです。その後ニュートリノ存在の理論付けをしたのはフェルミです。しかし、相互作用の弱い素粒子なので、その存在を確認するまでには時間がかかりました。

　星の内部では、水素の核融合でエネルギーを生み出しています。この反応は
$$4\,\mathrm{p} + 2\,\mathrm{e}^- \to {}^4\mathrm{He} + 2\,\nu_e + 26.7\,\mathrm{MeV} - E_\nu$$
と書くことができます。つまり、4個の陽子と2個の電子から、ヘリウムと2個の電子ニュートリノが生じるのです。この式の E_ν はニュートリノが持ち去るエネルギーです。この反応でニュートリノが生み出され、太陽の核反応で生じたニュートリノが地球上で観測されています。もちろん、その他の恒星でもニュートリノが生み出されていますが、距離が遠すぎるため、地球上での観測はできていません。

　太陽以外でニュートリノの観測が期待できるものに、超新星爆発があります。II型の超新星爆発の理論では、ほとんどのエネルギーがニュートリノによって持ち出され、爆発の際に膨大な量のニュートリノが放出されると考えられています。

　1987年2月に、大マゼラン雲で超新星 SN 1987 A の爆発が観測されました。岐阜県神岡の素粒子検出装置カミオカンデは、このときに放出されたニュートリノ11個を13秒間にわたって検出しました。ほぼ同時にアメリカの IMB も8個を6秒間に検出しました。このときの爆発では、計算上、地球の断面1平方センチメートル当たり100億個もの(反)電子ニュートリノが通過したことになります。しかし、相互作用が小さいため、そのほとんどはただ通り抜けるだけでした。カミオカンデでは2000トン余りの水に対し、やっと11個が反応して電子を放出、そのときのチェレンコフ光を観測できたのです。この検出によってII型超新星爆発の理論が基本的に正しいと確認され、ニュートリノを観測して天体を探るニュートリノ天文学への道が開けました。

質問40. スーパーカミオカンデについて教えてください

　岐阜県神岡町に建設された大型宇宙素粒子観測装置の通称がスーパーカミオカンデです。宇宙からやってくるニュートリノを観測し、また、水に含まれる陽子が崩壊する現象を探索する目的で作られた装置です。簡単にいえば、この装置は、地下1000メートルに作られ、5万トンの純水を満たしている、直径39.3メートル、高さ41.4メートルの円柱形の水タンクです。タンクの壁面には1万個以上の光電子増倍管が並べてあり、水中の発光を記録できるようになっています。

　この装置にニュートリノが入ってきて水と反応すると電子が生じます。その電子が高速で水中を走るときにチェレンコフ光という青白い光が出ます。この光を周囲の光電子増倍管で捕えてニュートリノを検出するのです。ニュートリ

【図1.25】スーパーカミオカンデの構造

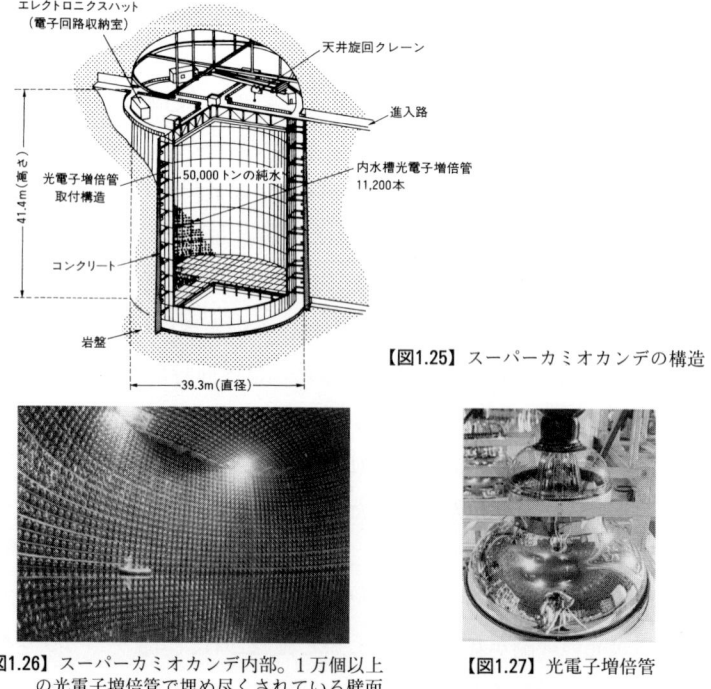

【図1.26】スーパーカミオカンデ内部。1万個以上の光電子増倍管で埋め尽くされている壁面

【図1.27】光電子増倍管

ノがたくさんやってきても、現実に水と反応する割合はごくごくわずかですから、検出の能率を上げるためにはなるべく大量の水が必要になります。なお、地下深くに設置するのは、観測の妨害になる宇宙線の影響をできるだけ避けるためです。

スーパーカミオカンデは神岡鉱山の採掘跡を利用して建設され、1996年から観測を始め、1998年にはニュートリノが質量をもつ証拠となる観測をしています。もう一つの目的である陽子崩壊の観測にはまだ成功していません。

スーパーカミオカンデを語るときには、その前身として1983年に建設された素粒子検出装置の、カミオカンデを忘れてはなりません。カミオカンデは3000トンの水と1000個の光電子増倍管を使ったずっと規模の小さい装置でしたが、1987年にマゼラン雲に出現した超新星SN1987Aから到来したニュートリノを検出して、その名を世界に高めました。この検出が、より大型のスーパーカミオカンデを建設する原動力になったのです。スーパーカミオカンデは、宇宙素粒子研究のメッカとして、現在世界の研究者の関心を集めています。

質問41. 重力波とはどんなものですか

重力波が存在することは、一般相対性理論で、時空の歪みと物質との間に成り立つアインシュタイン方程式から、1916年にアインシュタインが予言しました。その重力波について、ここでは難しい説明を避け、あまり正確ではないかもしれませんが、簡単なたとえで解説します。

電荷をもつ物体がある場所で加速度を与えられ、周囲の電場が変化したとすると、そこで生じた変位電流で磁場が生じ、電場、磁場の変化は周囲に伝わっていきます。これが電磁波です。つまり、電場が変化すれば電磁波が生じるのです。

これと同様に、物体が移動してその周囲の重力場が変化すると、その変化は重力波となって光速で周囲に伝わっていきます。これは、静かな水面の一点に石を投げるなどして水面に変化を起こせば、その変化が波となって水面に波紋

を広げるのにたとえられます。重力場の変化を周囲に伝播するのが重力波なのです。したがって、質量のあるものを動かせば、そこから重力波が発生します。原理的には太陽を回る惑星の公転運動からも重力波が発生しているはずですが、その振幅があまりにも小さいので、検出できないだけなのです。

　重力波はどんなものにも妨げられることなく進行します。重力波がやってくると、波の進行方向に直交する面内で空間が縦横に伸縮します。それに伴って、そこにある物体も伸縮します。わかりやすいようにその面内に円板を置いたとすると、図1.28に示すように、潮汐力を受けたような形で円板は縦横の楕円に変形します。しかし、この図はものすごく拡大表示したもので、現実に起る変化はごくごく小さいものです。仮に円板の半径を100メートルとしても、重力波による半径の変化は、1ナノメートルにも及ばない小さい量なのです。

　ところで、初めの円板の半径を1としたとき、その半径の変化量を重力波の振幅といい、10のマイナス21乗程度の振幅の重力波まで検出できる装置を作ろうというのが、昨今の重力波検出の目標です。しかし、10のマイナス21乗という量がどんなに小さいかは想像を絶するものがあります。これは10億キロメートルに対してたったの1ナノメートルです。重力波を検出することは、このようなとんでもない仕事に挑戦していることなのです。

　観測可能な重力波が放出されるには、重力場が短時間で大きく激しく変動することが必要です。そのために、比較的近傍で起った超新星爆発とか、連星パルサーの衝突、合体といった現象が期待されています。

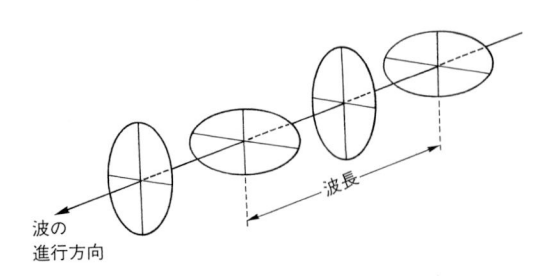

【図1.28】重力波による円板の変形

質問 42. 重力波はどのようにして検出するのですか

　重力波がやってくると、それに応じて、物体は縦方向に伸び横方向に縮む、引き続いて縦方向に縮み横方向に伸びるという形の伸縮を繰り返します。ですから、この伸縮を検出すれば重力波の到来がわかります。ただ、伸縮の量が非常にわずかであること、重力波以外のノイズ、たとえば地震などで伸縮が起ることなどのため、この検出は容易ではありません。

　アメリカのウェーバーは、共鳴振動型の重力波検出アンテナを作りました。これは長さ1.5メートル、直径66センチメートル、重さ1.4トンのアルミニウム合金の円柱を、軸方向を水平にして吊したものです。この円柱は軸方向に1700ヘルツの固有振動をもっていますから、この振動数に近い周波数の重力波が来れば共振を起すはずです。その振動を円柱に取り付けた圧電素子により電気信号として検出しようというものでした。装置全体は真空容器に入れられ、振動を避けるために防振台に載せられています。ノイズ信号の影響を避けるため、約1000キロメートル離した二カ所に同じ装置を置き、同時に信号を受けたものだけを拾い出す方式をとっていました。そして1969年に、ウェーバーはこの装置で重力波を検出したと発表しました。

　発表当時、これは真の重力波の検出であると騒がれましたが、その後の検討、追試によって、現在、この検出は否定されています。その後、他の研究者によっても、異なる形式の共鳴振動型の重力波アンテナが作られましたが、それらによって確実に重力波が検出されたという話はまだありません。

　現在計画され、また、建設されているのは、レーザー干渉計型の重力波検出アンテナが主流で、図1.29のような一種のマイケルソン干渉計です。レーザー発振器から出た光はビームスプリッターで透過光と反射光に分けられ、A, B二つの方向へ進んで、それぞれ鏡で反射される。そこで再びビームスプリッターを通り、それぞれの光路の光が干渉して光検出器に入ります。重力波の進行方向に直交する面内では一方が伸び、一方が縮む形で伸縮が起こります。また、直交しない面上でもその方向の成分だけ伸縮が起こりますから、A, B 二つの

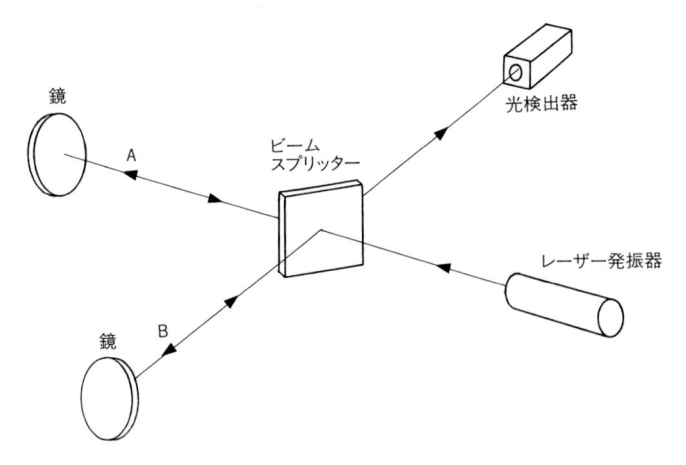

【図1.29】 マイケルソン干渉計の原理図

光路長が変化し、その変化にしたがって干渉光の強度が変化します。この変化を光検出器で拾い出すことで重力波を検出しようというのがこの方式です。

　重力波検出の感度を高めるためには、干渉計の光路長を長くしなければなりません。現実の検出には、それぞれ100キロメートル以上の光路長が必要と計算されますが、そんなに巨大な干渉計を作ることはとてもできません。そこで、短い距離でも二枚の鏡を向かい合わせに置き、その間を何回も光を往復させて実効長を長くする、ファブリー・ペロー型の干渉計を使うことが考えられています。アメリカでは、この方式によって、それぞれ実長が4キロメートルもあるL字型のレーザー干渉計重力波天文台リゴ(Laser Interferometer Gravitational-wave Observatory；LIGO)の建設が、ワシントン州ハンフォードとルイジアナ州リビングストンの二カ所で進められています。二カ所に建設するのは、両方の装置で同時に検出することで、さまざまな原因のノイズで生ずる誤信号を避けるためです。その他、イタリアではピサの東に、フランス、イタリアが協同で3キロメートル長の干渉計バーゴ(Virgo)を建設していますし、ドイツのハノーバーでは、ドイツとイギリスが協同で600メートル長の干渉計ジオ(GEO)を建設しています。それぞれが特徴のある設計で、いずれもここ数年のうちにテスト観測が始まるものと思われます。

日本でも、三鷹の国立天文台の構内に、それぞれの光路の腕の長さが300メートルの干渉計である重力波検出装置TAMA300を地下に埋めた形で建設しました。この装置では、レーザー発振器から出た光は、真空に保たれた干渉計の光路を150回往復して、実質100キロメートルに近い光路長を実現します。こうした形で日本も重力波検出レースに加わっているのです。その他、まだ計画の段階ですが、宇宙に3個の人工惑星を打ち上げ、それらの間で長さ500万キロメートルの干渉計リサ(Laser Interferometer Space Antenna ; LISA)を実現しようという構想も進められています。

残念ながら、2000年末現在、世界のどこからも重力波は検出されていません。しかし、それほど遠くない将来に、重力波が検出される可能性はかなり高いと思われます。一台の検出装置では、重力波の検出はできても、そのやってきた方向はわかりません。重力波検出の一番乗りを目指し、また、いくつもの検出装置が相互に協力し合って、重力波天文学を推進することが期待されています。

質問43. 重力波の観測で何がわかるのですか

ガリレオが望遠鏡を初めて天体に向けたとき、そこに現れた世界に驚嘆はしたものの、そのあと望遠鏡が天文学にどれほど貢献するかまで思い至ったかどうかはわかりません。現実には、おそらくガリレオの想像をはるかに超えた形で、望遠鏡は天文学になくてはならないものになりました。重力波の観測も似たようなものかもしれません。初めての検出がなされていない段階で将来を語るのは難しいことですが、ここでは、いま想像ができる二つ三つの話題だけを取り上げることにします。

強い重力波を放出する現象に、連星パルサーの衝突合体があります。連星パルサーは1974年に「わし座」で初めて発見されました。パルサーは中性子星ですから、小さくても質量は大きく、公転によって、通常の連星よりはるかに強い重力波を出します(とはいえ、地球上の現在の装置で観測できるほどの強

さではありません)。重力波を放出するとエネルギーを失いますから、二星はしだいに近付いて、最後には衝突し、合体すると考えられます。この衝突の直前の、光速に近い速度で二星が相互に回転し合うときに、地球上の装置で検出できる強さの重力波が放出されると推定されているのです。

　上記の「わし座」の連星パルサーが衝突するのは3億年後のことですが、銀河系にはそのほかにもたくさんの連星パルサーがあるはずです。そのなかには近々衝突するものもあるでしょう。

　衝突のときに発生する重力波の強さなどは、それまでの観測から求めたパルサーの質量と軌道の大きさから一般相対論を使って計算できます。その計算値と現実に観測した重力波の強さとを比較すれば、その連星パルサーまでの距離を求めることもできます。これは、遠いところの距離決定のための画期的な方法になる可能性を秘めているのです。

　また、超新星が爆発するときに、中心部で超高密度の物質がどのように運動しているのか、その情報も重力波の観測からもたらされます。さらに、爆発のあとに中性子星やブラックホールができたとすれば、その質量や自転速度などについての手がかりを重力波の観測から得ることも考えられます。

　そのためには、いずれにしても重力波を検出するだけでなく、検出装置の感度を高め、重力波の波形を精度よく観測することが必要です。極端なことをいうと、感度が十分に高くなれば、物質が移動することで生ずる重力場のあらゆる変化が観測できるはずです。いまのところ光や電波では観測できていないビッグバン直後、宇宙の晴れ上がりの前の状況さえも、さかのぼって観測できるかもしれません。

【太陽系と惑星】

> **質問44. 太陽系はどのようにしてできたのですか**

　太陽系がどのように生まれたのか、現在、詳細にわかっている訳ではありません。まだ解決されていないところも、議論の分かれるところもあり、また、問題点がいくつもあります。それでも、ぜんぜんわからないのではなく、概略の見当はついています。ここではその大略の道筋を、京都モデルといわれる京都大学のグループの考えに沿って説明しましょう。

(1)原始太陽の形成

　太陽系の生成は星間雲の収縮から始まります。はっきりした原因はわかりませんが、何かをきっかけにして星間雲の一部の密度が高まると、それをきっかけに収縮が始まります。収縮すればその部分の密度が上がって重力が増大し、その周囲のガスをさらに引き付けます。この繰り返しによって星間雲の密度はどんどん高まって、収縮は一層激しくなる。このような場合、一般に

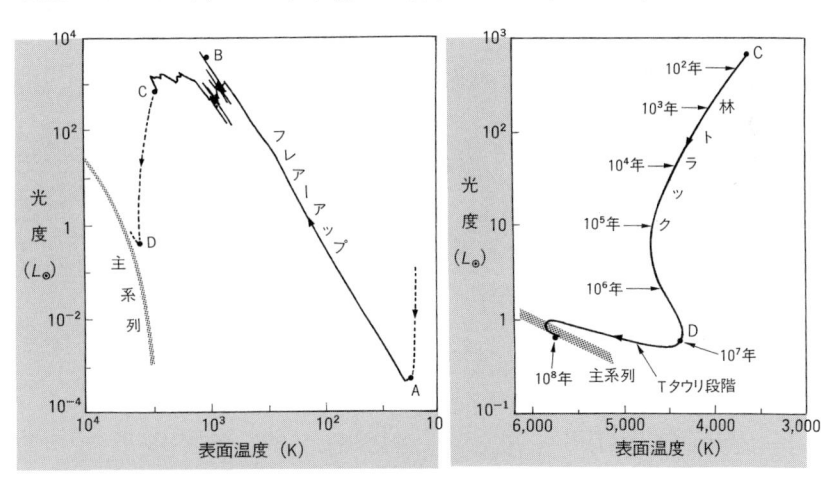

【図1.30】原始太陽の形成
中沢清、他；『現代の太陽系科学』（上）「太陽系の起源と進化」p.48-81,1984（東京大学出版会）

収縮の中心はいくつもできると考えられるのですが、ここではそのうちの一つだけに注目します。

　収縮の中心部ではしだいにガスの圧力が高まって、その圧力がガスの質量による重力の大きさに匹敵するようになると、中心部には収縮が止まった形の芯ができ、そこでは、さらに落下してくるガスと衝突して衝撃波が発生します。ガスが集まるにつれて芯は大きくなり、衝撃波面はしだいに外側へ移動します。この衝撃波面が収縮するガスの表面に近付くと、状況が大きく変わり、表面が急激に熱せられて輝き初めます。これをフレアーアップといいます。その後温度、明るさは多少の振動を繰り返しますが、やがて力学的平衡に落ち着きます。これで原始太陽が誕生したのです(図 1.30)。このときの太陽は現在の 1000 倍くらい明るいものでした。

　その後、この原始太陽は約 1000 万年かけて徐々に収縮し、少しずつ暗くなります。この過程を林フェイズといい、図 1.30 の林トラックのところに相当します。そのあと状況が変わり、激しいガス放出が始まります。これを、現在似た状況にある「おうし座 T 星」にちなんで T タウリ段階といいます。この段階はおよそ 1 億年ほど続きます。この間の光度変化はあまりなく、表面温度はゆっくり上昇して、原始太陽は主系列に到達します。

　これで、主系列星としての太陽が生まれたのです。

(2)原始惑星系円盤の誕生

　原始太陽がいまの 1000 倍も明るかった時代に、収縮してきた星間ガスのうちの角運動量の大きい部分は、回転の遠心力によって収縮できず、降着円盤として原始太陽の周りを公転するようになります。これが原始惑星系円盤です。質量は太陽の 100 分の 1 くらい、主成分は水素分子ですが、1 パーセントくらいは水素、ヘリウム以外の重元素による固体のダストです。ダストの量は、現在の惑星全体の約 10 倍と思われます。

　この原始惑星系円盤は、形成された直後に、太陽に落下するガスの衝撃波を受けて温度が上がります。絶対温度で内惑星領域で 2000 度くらい、木星付近でも 500 度くらいになったと推定されます。そのとき、固体であったダストはすべて気化します。

原始太陽へのガスの落下が終わると、原始惑星系円盤は安定します。原始太陽の光度減少とともにしだいに温度が下がります。このとき、いったん気化したダストはまた凝縮してダストに戻ります。ここで注目することは、内惑星の領域では、その圧力で水が凝縮する絶対温度170度より高く、水蒸気が氷に戻らないことです。これが、地球型惑星と木星型惑星を分ける原因になります。

(3) 微惑星とその集積

　その後、ダストはしだいに公転の中心面(およその黄道面)に集まり(図1.31)、その間に衝突、合体して粒子はだんだん大きくなります。数1000年で1センチメートルくらいになると考えられています。このダスト層の密度がある程度大きくなると、急に力学的不安定が生じ、ダスト層はたくさんの塊に分裂します。そのそれぞれが一つに集まって、半径数キロメートルくらいの塊になります。これを微惑星といい、おびただしい数の微惑星ができたと思われます。

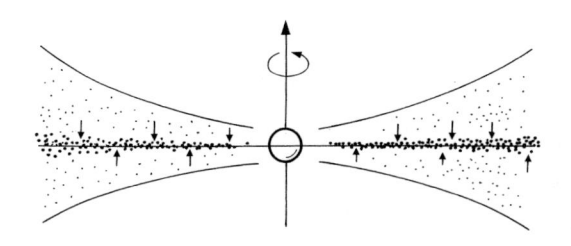

【図1.31】原始惑星系円盤の形成と微惑星の集積
中沢清、他；『現代の太陽系科学』(上)「太陽系の起源と進化」p.48-81,1984（東京大学出版会）

　ついで、これらの微惑星が原始太陽の周りを公転しながら、少しずつ衝突、合体して成長します。1000万年から1億年くらいの時間をかけて、惑星の中心核ができたと推定されます。地球型惑星の領域には固体の水がありませんから、ケイ酸塩や金属が集積した固体の惑星ができます。この領域では、初めに現在の水星、金星、地球、火星の四つに限定された中心核が生まれたのではなく、火星程度、あるいはそれより小さい惑星核が20個くらい生まれ、それがさらに衝突、合体をして、最終的に現在の状態になったという考

え方が有力です。その過程で、原始地球に衝突が起った際に生じた破片が周囲に円盤を形成し、そこから現在の月が生まれたものでしょう。

一方、木星付近では、存在する固体の水、メタン、アンモニアなどを豊富に取り込んで巨大な中心核ができます。中心核が大きいと、より以上に周辺のガスを引き付けて、ますます巨大なガス惑星になります。大気が増え過ぎると、その重量を支えきれなくなって重力崩壊を起こし、中心核の上に金属水素の層ができます。木星より遠い領域では、原始惑星系円盤の密度が小さいために集めることのできるダストやガスが不十分で惑星核の成長が遅く、木星に比べてより小さいガス惑星になります。

原始太陽がTタウリ段階に達すれば、強いガス放出の流れが生じるので、残っていた原始太陽系星雲のガスは100万年から1000万年程度の時間で吹き払われ、なくなってしまいます。

中心部分だけを簡単に述べましたが、現在の太陽系の基本的構造は、およそこのようなシナリオで生まれたと考えられています。

質問 45. 太陽は最後にはどうなるのですか

太陽は、いまのところ安定して輝き続けていて、その状態が変わることはありません。しかし、非常に永い時間を考えれば、決して安定したものではなく、今後さまざまな変化をして、常識では想像できないようなドラマを経験すると思われます。細かいところまで正確に予測するのは難しいことですが、いまの理論から推定できる今後の太陽の進化の状況を考えてみましょう。

太陽の内部では、いわゆる水素燃焼と呼ばれる核反応が絶えず進行して、エネルギーを創り出しています。理論的な計算によれば、太陽は、水素燃焼をほぼ80億年程度続けることができることになります。現在は太陽が誕生してから46億年程度経過していると思われるので、今後まだ34億年くらいは、あまり大きな変化を起こすこともなく、ほぼ同様に輝き続けるでしょう。

しかし、その間に中心部の水素は減少し、ヘリウムが増加します。そして上

記の 34 億年が経過する頃から、中心部にできたヘリウムの核が大きくなり、自分の重さを支えきれなくなって収縮しはじめます。すると、収縮によって生じる重力のエネルギーが熱に変わるため、中心部の温度が上昇し、それが 1 億 5000 万度くらいになると、ヘリウム燃焼が始まります。太陽程度の質量の星の場合のヘリウム燃焼は爆発的に始まるので、この変化をヘリウム・フラッシュと呼んでいます。

中心部の温度が上がり、ヘリウム燃焼が始まるころから、太陽は膨張をし始めます。H・R 図上では、主系列を離れて赤色巨星へ進む右上への移動を始めます。その様子を図 1.32 に示しました。

この図は、横軸に表面温度、縦軸に絶対等級をとった H・R 図の一種です。

図には星の半径が斜線で示されていて、一つ上の線に進むごとに半径が 2 倍になります。現在の太陽半径を単位にとった数値を図に示しました。理論的計

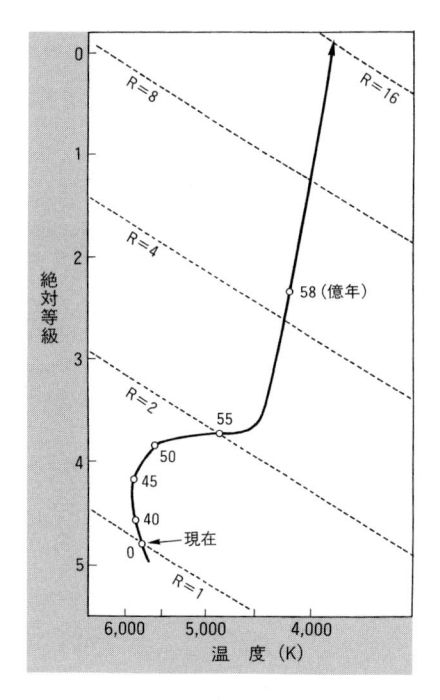

【図1.32】太陽の進化

算によれば、太陽はここに描かれた曲線に沿って上方に移動します。現在からの経過年数が1億年単位でこの線上に記入してあります。

　すでに述べたように、34億年ぐらい経過すると、太陽は少しずつ明るくなって膨張を始めます。この図から、50億年経つと表面温度が下がり始め、55億年後には半径が約2倍になることがわかります。その後は表面温度を少しずつ下げながら、明るさと半径が急激に増加する段階に入ります。現在の地球軌道は太陽半径の215倍のところにありますが、この膨張の結果、60億年余り経つと3500度くらいの温度の太陽表面が地球軌道のところに到達し、その後地球は太陽の内部に呑みこまれてしまいます。この時期の太陽は立派な赤色巨星です。ミラ型の脈動変光星になっているかもしれません。遠くから太陽を見た場合の明るさは現在の1000倍、絶対等級ではマイナス3等ぐらいになっていることでしょう。

　しかし、膨張も、明るさの増加も、ほぼそのあたりが限界です。核反応を起こす水素、ヘリウムがしだいに欠乏してくるので、エネルギー発生がそれまでのように順調には進まなくなります。脈動をするにしても、しないにしても、表面の大気はしだいに本体から離れていくようになり、たった数億年のうちに、太陽はその中心部にできた炭素と酸素を主体とする核の部分だけを残して、その外側がなくなってしまいます。これは現在から65億年後ぐらいのことでしょう。残った部分の表面温度はおそらく100万度を超えているでしょうが、半径は現在の100分の1くらいで、太陽は密度の高い白色わい星になるのです。この段階の太陽は、明るさは現在の70分の1程度、絶対等級で9等ぐらいしかない暗い星です。遠くからこの太陽を見たとすれば、中心に暗い白色わい星があり、その周囲を太陽からはがれたガスが取り巻いて光り、惑星状星雲に見えると思われます。

　その後にもうドラマはありません。エネルギー発生のメカニズムはほとんど働らかず、この白色わい星は少しずつ冷えて暗くなる一方です。多少なりとも光っているのはその後10億年か20億年か、この白色わい星は、とうとう光すら出すことのない暗い物質の塊に冷えて、宇宙の中にひっそりと存在するだけになります。これが太陽の最後の姿です。

このストーリーからすると、人類がどのようになってしまうのか、心配になってきます。人類が地球上に出現してからせいぜい数 100 万年しか経っていないし、文明発祥からの時間が 1 万年にも満たないことを考えると、数 10 億年後の人類がどのように変化しているのかは想像することもできません。もし人類が地球上に現在の状態で存続していたとすると、どんな経験をするのでしょうか。

上記の過程で太陽が変化すれば、約 34 億年後に太陽は膨張を始め、明るくなって、地球が高温に向かうと推測されます。太陽から到達する熱量が現在より数 10 パーセント増加するだけで気温は上昇し、海水は蒸発し、温室効果が大きく作用して、地球は金星のような高温、乾燥の状態になることでしょう。このような条件の下では、人類が生存を続けることは困難です。太陽が膨張して地球を呑み込んでしまうよりずっと前の段階で、現在のような地球上の生物は滅亡するに違いありません。

しかし、あまり悲観的に考えることはないでしょう。数 10 億年のうちには、人類も、生物もどんどん進化し、そのとき、そのときの環境に適応するはずです。生存のための科学、技術も進歩するでしょう。まだ、時間は十分に残されているのです。

質問 46. 太陽系が動いていることはどうしてわかるのですか

ここで「太陽系が動く」というのは、太陽系内の天体が相互に動いていることではなく、一つのまとまりと考えた太陽系全体が宇宙空間の中で動くこと、言い換えれば、太陽の空間運動を意味すると考えることにします。

ところで、動いていることはどうして証明できるのでしょうか。あるいは「動く」とはどういうことなのでしょうか。

いま、車に乗って時速 60 キロメートルで走っているとしましょう。このとき、車とそこに乗っている人は地面に対して動いています。これは地球に固定した座標系に対して時速 60 キロメートルで動いているということです。しか

し、車の中にいる人は、車自体に対してはほとんど動いていません。一方、その車が止まっているとしても、それを地球の外から見れば、車と人は、自転している地球に乗って、地球といっしょに回っていることは明らかです。ここから、「動く」とか「動かない」という表現は、無条件に使えるのではなく、何かはっきり定められた座標系に対してだけ使うことができるということがわかります。

つぎに、はっきりした座標系を定めることができない場合、たとえば周囲に島が見えない海に浮かんだボートを考えてみましょう。流れ動く海面には固定した座標系を定めることができないので、そのボートに乗っている人は、自分が動いているかどうかを決めることができません。たとえ動いていたとしても、それを証明をする手だてがないのです。もっともこの場合、天体観測をするとか、陸地からの電波を受信したりするなどの手段をとることができれば、いうまでもなく、地球に固定した座標系に対しての動きを知ることができます。

それでは、周辺に固定したものが何もない宇宙空間の中で、太陽の動きはわかるのでしょうか。周辺にあるいくつもの星は、それぞれ、太陽から見てさまざまな方向に動いています。この場合も固定した座標系を定めることができないので、太陽は、動いているか、止まっているかを決めることができません。

しかし、何かの方法で座標系を定めることができれば、その座標系に対しては動いているかどうかを決めることができるはずです。

ふたたび、海の上のボートに考えを戻してみましょう。よく見れば、海面には流れ藻やゴミなどが浮いているはずです。それらの一つ一つの動きは一定でなくても、いま、ボートを北に向けて漕ぎ進めたとすれば、流れ藻やゴミは、ボートから見たとき、全体的に南へ流れて行くことになるはずです。つまり、周囲の流れ藻やゴミの動きを平均すれば、その動きはボートの動きとちょうど正反対になるはずです。したがって、その平均の動きと相対的にボートの動きがわかります。これは、ボートから見た流れ藻やゴミの運動を平均することで一つの座標系を定め、その座標系に対するボートの動きを知ったことに相当します。

これと同じことを太陽近くの宇宙空間で考えてみましょう。もし、太陽が近

くの星々に対してどちらかの方向に動いているなら、太陽から見れば、周囲の星々の平均の動きは、太陽の動きと正反対になるはずです。

このような立場から、固有運動や視線速度が測定されているたくさんの星を太陽周辺で選び出し、それらの星の運動を平均すれば、一つの座標系を定めることができます。この作業を実際におこなった結果、一つの座標系が定められ、その座標系に対し、太陽は、赤経18時4分、赤緯＋29度の方向へ、毎秒19.5キロメートルの速度で移動しているという結果が求められました。太陽が向かっているその方向はヘルクレス座の一点で、太陽向点(たいようこうてん)と呼ばれ、また、この運動は標準太陽運動といわれます。太陽の動きは、このような手順で定められたのです。

定められた経緯からわかるように、この運動は太陽周辺の星々の平均位置に対して、太陽がどのように動いているかを表わしたものです。運動を平均する星の選び方を変えれば、太陽運動の方向や速度に多少の変化が生じることは避けられません。座標系を定めるために平均をするという性格から考えても、太陽運動を高精度に求めることは難しいのです。

質問 47. 惑星とはどういうものですか

みなさんがよく知っているのは太陽を回る惑星、すなわち水星、金星、地球、火星、木星、土星、天王星、海王星、冥王星の9個でしょう。このように、恒星の周りを公転し、自分では光を出さない天体を惑星といいます。水星、金星、地球、火星など、主として岩石で構成されている小さい惑星を地球型惑星、木星、土星、天王星、海王星など、表面が厚いガスの大気で覆われている大型の惑星を木星型惑星といいます。

惑星は自分で光を出さないといいましたが、光を出すか出さないかはどこで決まるのでしょうか。これは主としてその天体の質量によって決まります。おおまかに分けると、太陽の0.08倍以上の質量のとき、その天体は自分で光を出す普通の星になります。質量が太陽の0.013倍から0.08倍の間のときは、

重力エネルギーと重水素の反応でひととき光を出しはするものの、結局は星になれずに冷えていく褐色わい星になります。そして、太陽の 0.013 倍以下の質量のときはもはや自分で光ることができず、惑星になると考えられています。木星の質量は太陽のほぼ 0.001 倍です。つまり、星の周りを公転し、質量が太陽の 0.013 倍以下の天体が惑星ということになります。

近年になって、太陽以外でも惑星をもつ星がつぎつぎに発見されるようになりました。こうして発見される惑星の多くは木星の数倍程度の質量ですが、中には木星より質量の小さい惑星もあります。ただし、地球型惑星はいまのところ発見されていません。

太陽の 0.013 倍以下の質量のガス体でありさえすれば、特に星の周りを公転していない場合でも、最近は惑星と呼ぶこともあります。

質問 48. エッジワース・カイパーベルト天体とは何ですか

1930 年に冥王星が発見されて以来、太陽系で冥王星より外側の惑星、第 10 惑星が存在するかどうかの問題は、天文学者にとっても、一般の人々にとっても、大きな興味の対象になっていました。

1992 年 8 月、ハワイ大学のジュウイットとカリフォルニア大学のリュウは、ハワイ大学の口径 2.2 メートル望遠鏡の観測で、冥王星より遠距離にあって太陽を周回している小さい天体を発見しました。この天体には 1992 QB1 の符号がつけられました。その後の観測によって、この天体は軌道長半径 44.3 天文単位、公転周期 295 年で太陽を回っていることがわかりました(図 1.33)。ただし、直径は 280 キロメートル程度と推定され、惑星というにはいささか小さすぎる存在でした。

発見はそれだけに止まりません。その後も 1993 年に、1993 FW、1993 RO など、ほぼ似たような天体の発見が続きました、これらはほとんどが海王星軌道より外側にあって太陽を周回する小さい天体でした。この状況は、最初にケレスが発見されたのに続いて、つぎつぎに小惑星が発見されたときとよく似て

います。そして、この種の天体の存在を1949年にアイルランドのエッジワースが、また、1951年にアメリカのカイパーが予測していたことから、これら海王星より遠くに発見された一群の太陽系の小天体を、エッジワース・カイパーベルト天体(Edgeworth-Kuiper Belt Objects；EKBOs)というようになりました。単にカイパーベルト天体ということもありますし、海王星以遠天体(Trans-Neptunian Objects；TNOs)ということもあります。そして、これまで独立した惑星と考えられていた冥王星もこのエッジワース・カイパーベルト天体の一つに過ぎず、その中で最大のものと考えられるようになりました。

2000年末までに、このエッジワース・カイパーベルト天体は400個以上が発見され、その中には、軌道長半径120天文単位、公転周期1300年以上のものまであります。この帯域にはまだまだ同種の天体がたくさんあり、今後さらに発見が続くと思われます。

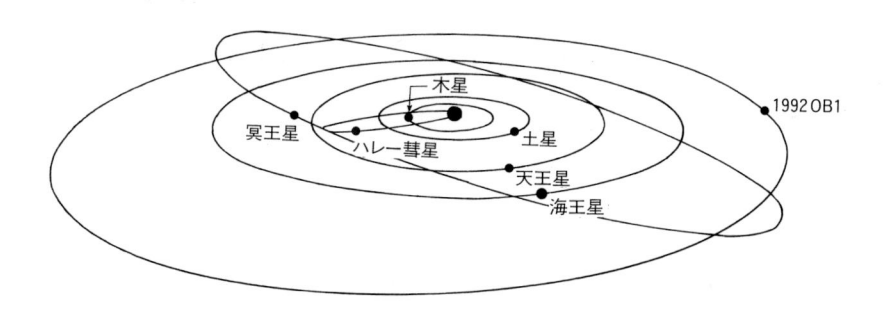

【図1.33】1992 QB1 の軌道

質問49. 系外惑星とはどういうものですか

太陽以外の星の周りを回っている惑星が系外惑星です。言葉を惜しまずにいえば、太陽系外惑星です。

惑星系をもっている星が太陽以外にもあることは、古くから想像されてはいました。しかし、惑星は自分で光を出しませんから検出するのが難かしく、な

かなか確認することができませんでした。

　1995年10月に、ジュネーブ天文台のメイヤーとクロッツが、40光年離れたG型の5.5等星である「ペガスス座51番星」に、惑星の存在を検出したと発表しました。この検出はカリフォルニア大学のバトラーとマーシーによってすぐに確認され、その結果、太陽に似た星であるペガスス座51番星は、惑星の存在が確証された最初の星になりました。

　この惑星は、中心星から0.05天文単位離れたところを4.2293日周期で公転していて、この状況は太陽系の惑星から想像されていたものとはかなり異なっています。質量は木星の半分程度と推測されています。

　この発見を皮切りに、その後惑星を持つ星が引き続いて発見されるようになりました。2000年9月に、マーシーは系外惑星の発見数が50個に達したと発表しています。一つの星に複数の惑星が存在するものもあり、アンドロメダ座ウプシロン星には三個の惑星があると推定されていて、「かに座55番星」とHD83443はそれぞれ二個の惑星をもっています。こうして発見された惑星リ

【表1.3】 系外惑星(Extrasolar Planets Catalogから抜粋)

中心星名	質量（木星質量単位）	軌道長半径（AU）	周期（日）	離心率
HD 83443	0.16	0.174	29.83	0.42
	0.35	0.038	2.9861	0.08
51 Peg	0.47	0.05	4.2293	0.0
υ And	0.71	0.059	4.6170	0.034
	2.11	0.83	241.2	0.18
	4.62	2.50	1266.6	0.41
55 Cnc	0.84	0.11	14.648	0.051
	5>	4>	8（年）	---
ε Eri	0.86	3.3	2502.1	0.608
ρ CrB	1.1	0.23	39.645	0.028
16 CygB	1.5	1.70	804	0.67
14 Her	3.3	2.5	1697	0.3537
τ Boo	3.87	0.0462	3.3128	0.018
70 Vir	6.6	0.43	116.6	0.4
HD 162020	13.73	0.072	8.4283	0.28
HD 18445	39	0.9	554.67	0.54
HD 217580	60	1	454.66	0.52

http://cfa-www.harvard.edu/Planets/Catalog.html

ストの一部を表 1.3 に示します。この表から、惑星といっても実にさまざまなものがあり、太陽系の惑星とはかなり様子が異なっていることがわかります。

現在の検出方法では質量の小さい惑星の検出は困難で、地球型惑星はまだ発見されていません。しかし今後は、さらにたくさんの惑星系をもつ星が発見されると思われます。

質問 50.　系外惑星はどのようにして探し出すのですか

「大きい望遠鏡で覗いたら、星の近くに小さく光る惑星が見えた。続けて何日も見ていたら、その惑星が公転するのがわかった。」系外惑星がこんな形で発見できればたいへんわかりやすいのですが、残念ながら、いまのところこのような形で惑星が発見されているのではありません。惑星系を発見したといっても、惑星そのものを光学像で確認したのではないのです。

それでは、どのようにして惑星の存在を知るのでしょうか。

惑星は中心星の周りを公転しています。このとき、中心星はじっと固定しているのではありません。その間、多少位置が動きます。厳密にいえば、中心星も、二星の共通重心の周りを小さな楕円軌道で回っているのです。それなら、仮に惑星が 10 日周期で公転しているのであれば、中心星もやはり 10 日周期で、上下左右に、あるいは前後にと位置を変えるはずです。このとき、たとえ惑星そのものを見ることはできなくても、中心星の位置を精密に観測すれば、10日周期でその位置が変わるのがわかるでしょう。これを逆に考え、決まった周期で位置を変えている星を探し出せば、その星が惑星をもっていると推定できるのです。

実をいうと、見かけの位置(赤経、赤緯)の変動を観測して惑星の存在を確認した例はまだありません。これまでのすべての系外惑星は、中心星の速度の変化、つまり視線速度の周期的変動から検出したものです。つまり、星の分光観測を続けてドップラー効果による視線速度を測り、その視線速度が周期的に増減するものを探し出しているのです。中心星が視線方向で前後に移動する状態

を検出しているといってもいいでしょう。

　したがって、現在の方法は、中心星をなるべく大きく動かすことのできる質量の大きい惑星が検出しやすく、中心星から大きく離れた公転周期の非常に長い惑星は検出しにくい傾向があります。しかし、これは現在の話です。将来は見かけの位置の変化から惑星を検出することも、また、直接の撮像で検出することも可能になるかもしれません。

第二章　銀　河　系

南半球での天の川；撮影；吉岡正巳

【星雲と星団】

質問 51. 暗黒星雲とはどんなものですか

　晴れた夜に空を見渡すと、天の川に沿ってたくさんの星が密集していることがわかります。さらによく見ると、その中にぽっかりと穴があいたように、あるいは長く延びた紐のように、星の見えない区域があることに気付きます。たとえば、「はくちょう座アルファ星」の東側、北アメリカ星雲に隣り合う場所はその一例です。これが暗黒星雲です。日本からは見えませんが、南十字星のすぐ脇にも同様に暗黒の場所があって、コールサック(石炭袋)と呼ばれています。望遠鏡を通して長時間露光をして撮影した写真からは、このような暗黒星雲の存在がさらにはっきりわかります。「オリオン座ツェータ星」の近くにあり、その形から馬頭星雲(図 2.1)といわれる暗黒星雲も有名です。

　暗黒という名のように、この場所から光は放射されません。そのため、光だけで観測していた時代の天文学者は、これが何であるのかわかりませんでした。たとえば、ハーシェルは、この部分には星がなく、天空にあいた穴と考えていたようです。また、広視野の望遠鏡で銀河の撮影をおこなって多数の暗黒星雲を発見したバーナードも、やはりこの暗い部分は星がない空間であると考えていました。

　これに対し、バーナードにやや遅れて暗黒星雲を調べ始めたウォルフは、太陽を後ろにした積乱雲のように、暗黒星雲の周辺部が輝いている写真の状況などから、そこに何か光を遮る物質があるために暗黒の場所ができると考えました。後になって、ウォルフの考えの正しいことが立証されたのです。

　電波、とくにミリ波による観測が行われるようになって、暗黒星雲の実態は急速に明らかになりました。その観測により、そこからさまざまな分子が発見され、暗黒に見える領域そのものがそれら各種の分子を含む分子雲であることがわかったのです。銀河系の中には、このように光を遮る物質の巨大な固まりである分子雲がたくさんあります。光だけで観測していた時代の天文学者は、

これら分子雲の一部で、たくさんの星を背景に黒く浮き出しているものだけを暗黒星雲として観測していたのです。

分子雲とはその名の通りたくさんの分子を含んだガス雲です。そのほとんどは水素分子ですが、そのほか、炭素、窒素、酸素、ケイ素、硫黄を含む多種の分子が発見されています。たとえば、CO、CH、OH、SO、SiO などがあって、なかには、メチルアミン(CH_3NH_2)などの多原子分子も発見されています。

また、質量の1パーセント程度はグラファイト、ケイ酸塩、水の氷などのダストと考えられ、分子雲が光を通さないのは、これらのダストによる光の吸収、散乱が主因であると思われます。

さらに、この分子雲は星を誕生させる母体であることがわかってきました。さまざまな大きさの分子雲がありますが、星を誕生させる巨大分子雲の代表的なものとして、ここでは、さしわたしが100光年、1立方センチあたり数1000個程度の分子が存在し、全質量が太陽の100万倍、温度が10Kというものを挙げておきます。銀河系には、こうした分子雲が数1000個存在するといわれています。

【図 2.1】「オリオン座」の馬頭星雲

質問 52. 散光星雲とはどんなものですか

　望遠鏡や双眼鏡で夜空を探っていると、広がったガスが光っている散光星雲をいくつも見ることができます。たとえば、「オリオン座」の有名なオリオン大星雲（M 42）は、肉眼で見えるほどの明るさです。少し東の「いっかくじゅう座」にあるばら星雲や「はくちょう座」の北アメリカ星雲（図2.2）などは、形や色がたいへん美しい星雲です。ところで、一般的に散光星雲とはどんなものなのでしょうか。

　まず、散光星雲がなぜ光っているのかを考えてみましょう。ガスを代表するものとして、宇宙空間にもっとも多く存在する水素原子で説明します。

　水素原子は、原子核である陽子があり、その周りを1個の電子が回っています。この原子に紫外線、X線など、波長の短い光が当たると、原子から電子がはじきだされ、水素原子は水素イオンになります(*)。

　水素イオンはプラスの電荷をもち、電子はマイナスの電荷をもっていますから、そこに引き合う力が働き、両者はやがて結合して水素原子に戻る、すなわち再結合をします。再結合のときには光を出します。注意が必要なのは、紫外線で光電離が起ったとしても、再結合のときに出る光の波長はさまざまで、紫外線の他に赤外線も可視光も含まれることです。つまり、水素原子のガスに紫外線が当たると、そこで波長が変換され、可視光が出るのです。ここでは水素で説明しましたが、ヘリウムでもほぼ同様のことが起こります。

　つぎに恒星が誕生する過程を考えてみましょう。一般に星は濃密な分子雲の中から生まれます。O型、B型などのスペクトルをもつ高温の星が分子雲の中に誕生すると、それらの星は紫外線などの波長の短い光を強く放射します。周囲のガスはその紫外線によって上記の光電離・再結合の過程を繰り返し、光を出します。こうして光っているガス雲が散光星雲です。

　このように、分子雲の中で紫外線を放射している星を励起星といいます。この場合、水素原子は電離・結合を繰り返して光り続けますが、1個の原子を考

(*)この変化を光電離といいます。ここで生じる水素イオンとは陽子のことです。

えると、電離している時間の方が結合している時間よりもはるかに長く、現実には、水素ガスはほとんど完全に電離した状態になっています。散光星雲では、このような電離ガスの領域が100光年以上の範囲に広がって存在していることから、散光星雲の呼び名に代わってHⅡ領域ともいいます。これは、天体物理学では電離していない中性水素原子をHI、電離した水素イオンをHⅡと書き表わす習慣があるからで、HⅡ領域とは、水素が完全に電離している領域をさしていう言葉です。

　この説明からすると、水素だけが光ると思われるかも知れませんが、散光星雲からは、ほぼ同じような過程によって、ヘリウム、酸素、窒素、硫黄などの原子から出る光も観測されています。

　ここで説明したように、分子雲から高温の星が誕生した結果、散光星雲が生まれるのです。たとえば、オリオン大星雲はまさにその舞台であって、周辺にはつぎつぎに若い星が生まれ続けています。散光星雲は、いうならば分子雲の周辺にできた一種のこぶのようなものであり、また、生まれたばかりの星のゆりかごでもあるのです。

【図2.2】「はくちょう座」の北アメリカ星雲

質問 53.　惑星状星雲とは何ですか

　望遠鏡で星を見ると、太陽以外の星は、どんなに倍率を上げても点にしか見えず、大きさを認識することはできません。ところが、金星、木星などの惑星は、あるいは三日月型に、あるいは円盤型に、広がりのある像として見えます。

　星空の中にも、天球上の決まった位置にあって、望遠鏡で見たときに大きさが認識できる天体があります。これらの中には銀河、球状星団、惑星状星雲、超新星残骸など、いろいろの種類があります。この種の天体をいくつも観測したハーシェルは、円盤状で、一見惑星に似ている星雲状の天体を「惑星状星雲」と呼びました。たとえば、「こと座」のベータ星とガンマ星の中間のところには、リング状に広がる星雲が見えます。これは環状星雲(M57)と呼ばれる「こと座」の惑星状星雲です(図 2.3)。惑星状星雲という呼び名は、単に見かけだけによってつけたもので、金星、木星などの惑星とは何の関係もありません。

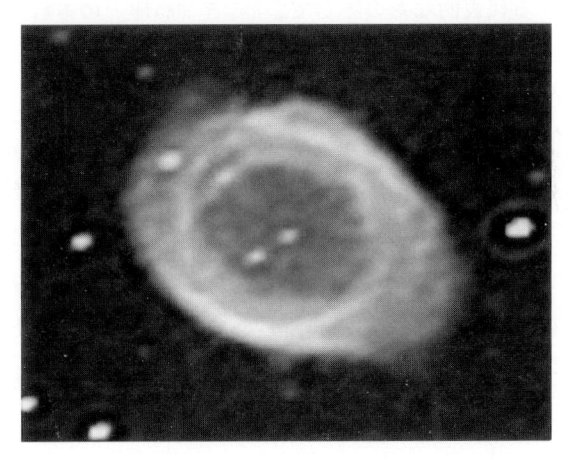

【図 2.3】　「こと座」の環状星雲

　当初は、この種の天体がどういうものなのか、はっきりわかっていませんでした。その成因がしだいに明らかになるにつれ、初めに惑星状星雲と呼んだ星雲たちのすべてが、必ずしも一つの原因から生まれたのではないことがわかっ

てきました。かっては、超新星残骸の一部までも一まとめにして、惑星状星雲と呼んでいた時代もあったのです。現在は、その中で、つぎに述べる種類のものだけを惑星状星雲ということになりました。

　質量があまり大きくない星は、進化の過程で赤色巨星となったあと、恒星風などによってその外層のガスを周辺に放出し、中心核の部分が白色わい星として残る段階があります。このとき放出された外層のガスは、中心にある高温の白色わい星が放射する波長の短い光(紫外線など)を受け、散光星雲と同様に光電離と再結合を繰り返して明るく光ります。このような状態で光っているガス雲が惑星状星雲です。したがって、惑星状星雲の中心には必ず白色わい星がある、つまり、赤色巨星から白色わい星に移り変わる過程で惑星状星雲が生まれるのです。端的にいえば、白色わい星の周囲で膨張しつつある電離したガス雲が惑星状星雲です。

　この定義にしたがって見直すと、惑星状星雲でも惑星状に見えるものはむしろ少なく、恒星状に見える初期状態のものがたくさんあることがわかります。

　惑星状に見える代表的なものとして、「こぎつね座」のあれい星雲(M27)、「おおぐま座」のふくろう星雲(M97)などがあります。いまでは銀河系内で1000個以上の惑星状星雲がカタログに記載されていますし、また、アンドロメダ銀河、大小マゼラン雲など、他の銀河にも惑星状星雲が発見されています。

　大きさをもった惑星状星雲の見かけの形は実に多様で、観測者を楽しませてくれます。ハッブル宇宙望遠鏡は、惑星状星雲の微細な構造までわかる画像をいくつも提供してくれました。惑星状星雲の大きさは代表的なもので直径1光年程度、ガスは毎秒20キロメートルくらいの速度で外側に膨張を続けています。膨張によってガスはだんだん希薄になりますから、惑星状星雲は数万年も経つと見えなくなると思われます。

質問 54. 超新星残骸って何でしょうか

　超新星爆発が起こると、それまで星を構成していた物質の大部分は吹き飛ばされ、強力な衝撃波をつくって、秒速数 100 キロメートルから数 1000 キロメートルに達する高速で外側に広がります。飛散する物質は周辺の希薄な星間ガスなどに衝突して高温状態を創り出し、そこから X 線、光、電波など、さまざまな波長の電磁波を周囲に放射します。このように、超新星爆発によってその周辺に生じた特別の物理状態の領域を超新星残骸、あるいは超新星レムナントといいます。

　一言でいえば、超新星爆発のあとに残されたものが、文字通り超新星残骸です。その中心に中性子星のパルサーが存在することもあります。

　観測される超新星残骸の大きさは、およそ直径数 10 光年から 100 光年といった程度で、天球上では一般に角度で数分から数 10 分くらいの大きさの広がりです。中には直径が数度に及ぶものもあります。

　超新星残骸は、それ自体が可視光を出して惑星状星雲のように見えるもの、電波や X 線でならはっきり観測できるのに光ではほとんど見えないものなど、さまざまなタイプがあります。図 2.4 に示した「おうし座」の「かに星雲」は、望遠鏡で見るとぼんやりした光の塊りにすぎませんが、1054 年に爆発が観測された超新星残骸です。大望遠鏡で撮影した写真では、フィラメント状にガスが広がっていることがわかり、その形が一見「かに」のようにも見えることからこの名がつけられました。

　また、「はくちょう座」にある、羽毛のように広がった「網状星雲」は 3 万年以上前に爆発したと推定される超新星残骸です。1572 年に「カシオペヤ座」に出現し、ティコ・ブラーエが観測したことから「ティコの星」として知られている超新星は、いまは、光ではほとんど何も見えず、その場所に強い X 線や電波が観測されるという超新星残骸です。これまでに銀河系内には超新星残骸が 150 個ほど発見されていますが、光で観測できるのはそのうちの 30 個程度です。

【図 2.4】「おうし座」のかに星雲

　超新星残骸は急速に膨張しているので、広がるにつれて全体が希薄になり、膨張速度もしだいに遅くなります。爆発から 10 万年以上経って、半径が 100 光年以上にもなると、温度も下がり、衰えて、超新星残骸としては観測できなくなります。

質問 55.　星はどんなところに出来るのですか

　星は宇宙空間にあるガスやダストが集まって生まれます。だからといって、宇宙空間のどこでもいいというわけではありません。星が誕生するにはたくさんの物質が必要ですから、ガスやダストが濃く集まっている場所でなければなりません。

　話をわれわれの銀河系の中に限ると、そのところどころに、分子雲と呼ばれ、周囲に比べてガス密度の大きい領域があります。これは、たとえば、さしわたし 100 光年ぐらいの大きさで、その 1 立方センチあたりに数 1000 個ぐらいの分子があるといった程度のものです。分子はほとんどが水素分子ですが、一酸

化炭素など、他の分子も僅かに含まれています。星が生まれるのはこのような分子雲の中なのです。

分子雲自体は光を出しませんから、その存在を直接に見ることはできません。しかし、分子雲は不透明で、その背後の恒星の光をさえぎりますから、その場所は星のまばらな暗黒地帯に見えます。このようなものを暗黒星雲といいます。ハッブル宇宙望遠鏡が「へび座」で撮影した「ワシ星雲」の写真は、まさに星が誕生しようとしている密度の高い分子雲が柱状になった姿を見せている暗黒星雲でした。そのほかにもたくさんの暗黒星雲が知られていて、銀河系の中には、このように星を生み出している分子雲が数1000個あるといわれます。

分子雲から星が生まれると、その星から放射される紫外線などの波長の短い電磁波が周辺の水素分子を電離し、主として電離水素からなるHⅡ領域といわれる場所をつくります。この領域はもう分子雲のように不透明ではなくなり、水素原子の出す光が観測されて、散光星雲と呼ばれます。「オリオン座」には肉眼でも見られる「オリオン大星雲」(図2.5)がありますが、これは代表的な散光星雲で、たくさんの星が生まれたばかりの場所です。

【図2.5】「オリオン座」のオリオン大星雲

質問 56. 散開星団とは何でしょうか

　天球上の一部分にたくさんの星が密集しているものを一般に星団といいます。星団には、散開星団、球状星団、アソシエーションと呼ばれる種類のものがあり、散開星団はその一つです。具体的にいえば、半径が数光年から数10光年の範囲に、数100から数1000個の星が集まっているものが散開星団です。質問57で説明する球状星団と比較すると、散開星団の方が星の存在がずっとまばらです。

　散開星団の一つで「すばる」とも呼ばれる有名なプレアデス星団(M45)は直径30光年の範囲に300から500個の星が集まっているもので(図2.6)、そのうちの6個か7個の星は、肉眼で見ることができます。

【図2.6】 散開星団プレアデス

　散開星団は、一つのまとまった星間分子雲からつぎつぎに星が誕生した結果として生まれたものであり、このように星間分子雲からまとまって星が誕生する過程は、現在でも銀河系のあちらこちらで見られます。その結果、若い散開星団は、しばしばかなり濃密な星間物質を伴っています。天文学的な立場から

は、一つの散開星団の星はすべてがほぼ同時に生まれたと見なすことができます。これらの星は、相互の重力で一応まとまってはいるものの、結合はそれほど強いものではなく、周辺との境界もはっきりしたものではありません。そうした中で星同志が接近すると、フライバイ効果によって速度が増加し、星が星団から飛び出してしまうことがあります。適当な条件のもとに二つの天体が非常に接近すると、一方の天体が非常に速度を増すことがあり、これをフライバイ効果といいます。惑星探査機を目標天体に送るためにも、惑星を利用したフライバイ効果がしばしば利用されます。このような過程によって星はしだいにばらばらになり、散開星団は数億年程度で崩壊すると推測されています。

散開星団は銀河面付近に数多く存在しているのですが、銀河面には光をさえぎるダストが多いため、これまでに発見されている約1000個ほどの散開星団は、全体から見ればそのごく一部に過ぎず、銀河系全体では2万個ぐらいの散開星団が存在すると考えられています。散開星団に含まれる星はすべて種族Ⅰの比較的若い星です。

よく知られている散開星団には、プレアデス星団以外に、「おうし座」のヒアデス星団、「かに座」のプレセペ星団、「ペルセウス座」のχ、h(カイ、エイチ)二重星団などがあります。ヒアデスはわれわれから約150光年の距離にあるもっとも近い散開星団で、個々の星がわかります。プレセペやχ、h星団も、空が澄んでいれば、ぼんやりした星の集団として肉眼で見ることができます。

質問57. 球状星団とはどんなものですか

球状星団を直感的に理解するには、写真でその特徴的な姿を見るのが早道です。図2.7はヘルクレス座にある球状星団M13の写真で、ここに見える光の点は一つ一つが恒星であり、このように狭い範囲にぎっしりと詰まった星の集まりが球状星団です。直径100光年から1000光年ほどの範囲に、1万個から100万個にも達する星がこのように集まっているものです。写真を見ると、中心部では星と星が触れ合っていそうにも見えますが、これは写真の星像が真の

大きさより膨らんで写っているためで、実際には、中心部でも星と星の間に十分の空間があります。どの球状星団も、写真では区別がつけられないくらいよく似た姿をしています。

【図 2.7】 球状星団 M 13

　球状星団は、銀河系では 150 個ほど発見されています。主として、銀河系を球形に取り巻くハローの中に発見されているので、散開星団のようにたくさんの見落としはないはずです。ただし、望遠鏡では見えても肉眼で見えるものは少ししかありません。空が暗ければ、北天では上述の M13 が、なんとか、少しぼやけた恒星のように見えるかもしれません。南天では、一見恒星のように見えることから「ケンタウルス座オメガ」と恒星の名をつけられてしまった球状星団が、肉眼で 4 等星くらいの明るさに見えます。残念ながら、日本からはかなり見にくい位置です。

　それにしても、どうしてこのような奇妙な星の集団が生まれたのでしょうか。その生成のメカニズムの詳細はまだはっきりわかってはいません。回転しながら収縮する原始ガス雲の一部が何らかの衝撃を受け、その内部の流れが乱流に移り変わるとき球状星団に成長するという考えが有力です。

銀河系の球状星団は、ほとんどが重元素の少ない種族IIの星で、銀河系とほぼ同時に誕生したと考えられる100億年から140億年の年齢の古い星です。それぞれの星の質量が太陽以下であるため、進化がゆっくりで、誕生したときの星のまま現在まで存続しているのです。

球状星団は銀河系だけに存在するのではなく、近傍の銀河にも発見されています。それらの銀河には、銀河系と同様に古い星からなる球状星団と、比較的最近誕生したと思われる若い星の球状星団の両方をもっている場合もあります。ハッブル宇宙望遠鏡の観測からは、二つの渦巻銀河が衝突、合体をしているところに、たくさんの若い球状星団が発見されています。銀河衝突の衝撃によって、新たな球状星団が生み出されているのでしょう。

質問58. アソシエーションとは何でしょうか

銀河系内の星の集団には、球状星団、散開星団、アソシエーションの三種があります。その中で、同じ分子雲から生まれた若い星が、数100光年程度の範囲に、数10個から100個ぐらいの数で集まっているのがアソシエーションです。これは、同種の若い星が天球上の狭い領域に集中していることから1950年頃に存在がわかったもので、主として、星間物質が豊かな銀河系の腕に沿ったところにあります。

アソシエーションにはO型星、B型星が集まっているOアソシエーション、あるいはOBアソシエーションと呼ばれるものと、不規則変光星である「おうし座T型星」が集まっているTアソシエーションとの二種類があり、これまでに70ほどのアソシエーションが発見されています。たとえば、オリオン座大星雲の周辺にある、「オリオン座OB1」と呼ばれるO型星、B型星のアソシエーションがその一つです。

上に挙げた三種の星の集団の中では、アソシエーションが最も星相互の重力的結合が小さく、それぞれの星はほとんど自由に運動しています。その結果、アソシエーションは数100万年程度の時間で分解すると思われています。し

がって、アソシエーションに属する星はみな若いのです。

質問 59. 星団までの距離はどのようにして測るのですか

　散開星団、球状星団などの星団には、それぞれたくさんの星が含まれています。その中にケフェイド型変光星などの脈動変光星があれば、別項で述べたようにその変光周期を測定することで、その星まで、つまりその星団までの距離を求めることができます。これがもっとも確実な距離決定法です。

　ここでは、それとは別の散開星団の距離決定法を説明します。一つの散開星団の星は一かたまりの星間分子雲から生まれたものですから、すべての星が空間でほとんど平行に動いていると思われます。それなら、星々の固有運動を観測してその方向を延長すれば、延長線は見かけ上どこか天球上の一点に集まるはずです（図 2.8）。これは、平行に運動する流星群の流れ星が天球上に放射点をもつのと同じ理由です。

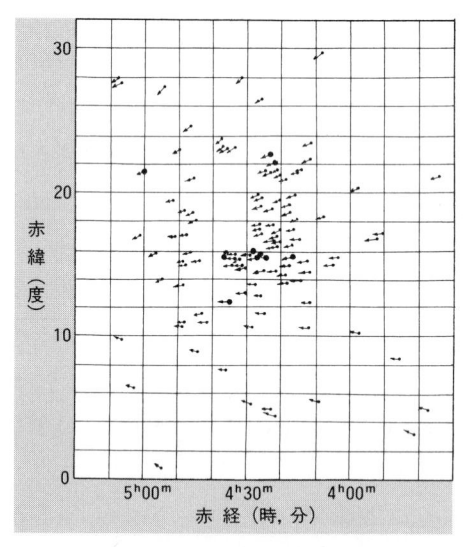

【図 2.8】 ヒアデス星団の固有運動
A.Heck, *Vistas in Astron.* **22**, p.221-264, 1978

散開星団のそれぞれの星の固有運動を観測し、星団の中心から固有運動方向の集まる収束点までの天球上の角度を λ とします。すると、この λ は太陽から星団に向かう方向と、その星団の星の運動方向とが作る角度に等しいことがわかります(図 2.9)。

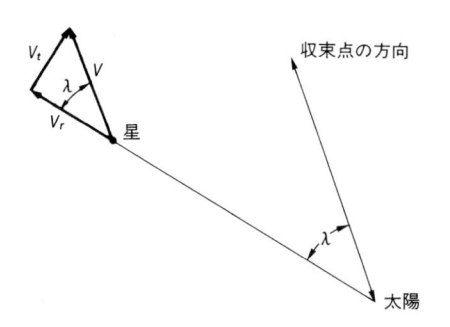

【図 2.9】 収束点の方向と固有運動の関係

星団の星の運動方向を、視線方向の成分 V_r と、接線方向の成分 V_t に分ければ

$$\tan \lambda = V_t/V_r = \mu d/V_r$$

の関係が成り立ちます。d は星団までの距離、μ は星の固有運動です。μ を秒/年、V_r を km/s の単位で表わすことにして、この式を書き直すと

$$d = V_r \tan \lambda / 4.74 \mu$$

となります。V_r はスペクトル観測による視線速度として求めることができるので、この式の左辺はすべて観測で求められ、星団までの距離 d を計算することができます。

ここに示したのはその原理だけに過ぎず、現実に適用するときには、もう少しうまい計算方法があります。

われわれに近い散開星団にヒアデス星団があります。ヒアデス星団にこの方法を適用した結果、たとえば $d = 45.7$ パーセク といった距離が求められています。これは年周視差による距離測定ともほぼ一致し、この方法がうまくいくことを示しています。

この方式を他の散開星団に適用することもできますが、距離が遠い星団では

個々の星の固有運動が小さく、収束点を求めるのが困難になります。その場合にはヒアデス星団を基準にして距離を求める方法があります。

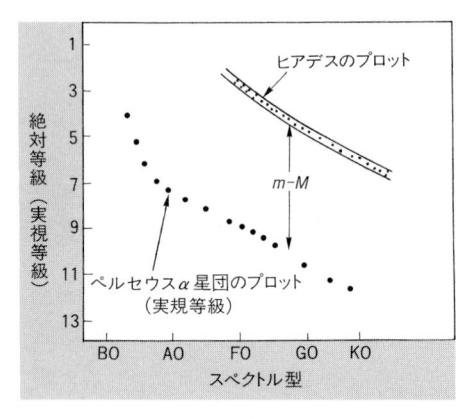

【図 2.10】 主系列合わせ法

　ヒアデス星団のそれぞれの星はすでに距離がわかっているので、絶対等級を計算できます。そこでヒアデス星団の星をH・R図上にプロットしてみましょう。これは図 2.10 のような形になります。つぎに、距離を求めようとしている散開星団の星を同じH・R図上にプロットします。この場合は絶対等級がわからないので実視等級でプロットすると、これもたとえば図 2.10 ようになるはずです。

　散開星団内の星の性格が似たようなものであるとすれば、ヒアデス星団とこの星団のプロットはほぼ平行したものになるはずです。そうすると、この上下のずれは何によるものでしょうか。もちろん距離の違いによるものです。ヒアデス星団の星が絶対等級 M でのプロットであるのに対し、他の星団は実視等級 m でプロットしたからです。もし実視等級でのプロットを絶対等級 M でのプロットに直したとすれば、これらはほとんどヒアデス星団のプロットに重なることでしょう。すると、この上下のずれが $(m - M)$ に相当するわけで、そこから目的の星団の距離が推定できるのです。

　このようにして散開星団の距離を求める方法を、主系列合わせ法といいます。
　こうした方法で求めたいくつかの散開星団の距離は、たとえば、ヒアデス星

団149光年、プレアデス星団408光年、プレセペ星団515光年、ペルセウスh星団7010光年、ペルセウスχ星団8080光年などとなっています。

【銀河系の形と大きさ】

> **質問60.　ハーシェルが描いた銀河系はどんなものだったのですか**

　ハーシェルは、われわれを含む恒星集団(当時、銀河系という言葉はまだなかった)がどんな形をしているのかを知ろうと、それまで誰もが考えもしなかった大規模な観測をおこないました。

　ハーシェルはまず、すべての恒星の明るさが一定で、限られたある領域の中にあり、その中ではどこでも一定の密度分布をしていることを仮定し、また、その領域の端まで見通すことができると考えました。そうすると、望遠鏡の視野の中にある星の数は、領域の端までの距離の三乗に比例して増えるはずです。したがって、天球上のさまざまな方向で星の数を数えれば、その端までの距離を相対的に求めることができます。

　ハーシェルはこの考えに基づいて、天球上の3500箇所に望遠鏡を向けて星を数えたのです。使ったのは口径約50センチ、視野直径が5分の望遠鏡で、これだけの観測をするのは根気の要る作業でした。彼はその観測結果を「天界の構造について」という論文にまとめ、1784年に発表しました。

　その結果は、「恒星の存在する範囲は銀河面方向に平たく伸びた円盤型で、厚さは直径の約5分の1、太陽はほぼその中央に位置している(図2.11)。」と要約されます。まだ恒星の視差が測定できない時代でしたから、距離についての情報はありませんが、ハーシェルはこの円盤に直径6400光年という値を与えています。現在の知識をもとに考えると、この結果は小さすぎ、いろいろの点で不十分なことは明らかです。しかし、偏平な銀河系の構造を初めて突き止めたハーシェルの功績は決して小さいものではありません。

　ハーシェルの仮定は、特に、恒星集団の端まで見通しができると考えたとこ

ろで大きく誤っていました。現実にはダストなどの星間物質による減光の影響が大きく、その補正をしない限り、銀河系の正しい姿を求めることはできないのです。しかし、ハーシェルによって始められた星の計数から銀河系の形を求める方法はその後大きく発展し、銀河系の形に関する現在の知識の基礎となりました。

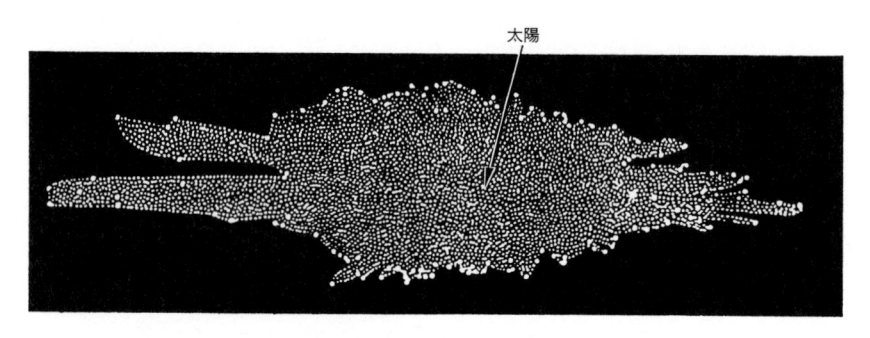

太陽

【図 2.11】ハーシェルの恒星宇宙

質問 61. 球状星団の分布から太陽系の位置がわかったといいますが……

　星の数を数えて銀河系の大きさや形を知ろうとする試みは、ハーシェル以後、特に恒星の距離測定ができるようになってから、より精密化した形で何回もおこなわれました。オランダのカプタインがその最終的なものとしてまとめ、1922年に発表したモデルは、「銀河系の形は回転楕円体、直径が5万5000光年、厚さが1万1000光年」というものでした。太陽は中心から2000光年離れたところに位置しています。このモデルでは、太陽はまだ銀河系のほぼ中心に位置しているといっていいでしょう。

　一方、球状星団を調べていたシャプレイは、その分布が天球上でかなり偏っていることに気付きました。とくに「いて座」の方向に集中して存在するのです。ケフェイド型変光星を使ってその距離を決めてみると、球状星団は上記のカプタインの宇宙よりはるかに外側にあることがわかりました。

球状星団と銀河系はどのような関係にあるのか？。いろいろと思考錯誤を繰り返した末に、シャプレイは最後に「球状星団は、星がたくさん分布している平たい円盤状の銀河系の外側にあるが、それでも銀河系に付随する天体で、銀河系の中心の周りにほぼ球対称に分布している。」という考えにたどりつきました。

　この考えが正しいとすれば、球状星団が「いて座」の方向に偏って存在するのは、われわれが銀河系を端の方から見ていることに他なりません。これはグランドいっぱいに散らばって遊んでいる子供を見ていることにたとえられます。どちら側を見てもほぼ同じくらいの数の子供がいるのなら、自分はグランドの中心近くにいるといえます。しかし、東側に偏ってずっとたくさんの子供が見えるのであれば、自分はグランドの西の端近くにいるのに違いありません。

　この考えに基づいて、球状星団の分布からシャプレイが求めた銀河系の形は、球状星団を含めた直径が30万光年もある球状で、その中心に恒星が分布する円盤状の部分があり、太陽は中心から5万光年も離れた位置にあるというものでした(図2.12)。それまで考えられていたものよりはるかに大きく、その端近くに太陽があるというこのシャプレイの銀河系は、当然のことながら強い反対を受け、大きな論争を巻き起こしました。

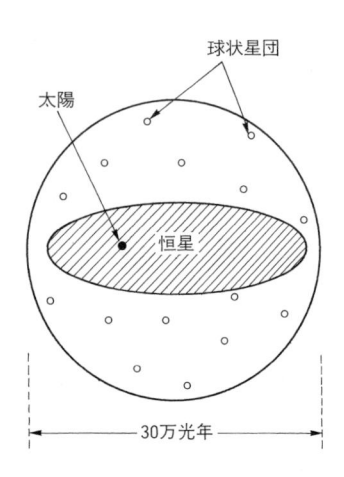

【図2.12】球状星団の分布からシャプレイが求めた銀河系の形

しかし、この争いは、結局シャプレイ側に軍配が挙がりました。星間物質による光の吸収を無視したことから銀河系をやや大きく見積り過ぎたなどの誤りも含まれてはいましたが、シャプレイの考え方は大筋としては正しいことがしだいに明らかになったのです。そしてシャプレイの銀河系はその後の研究の基礎になりました。球状星団の分布から、われわれは銀河系の大きさを知り、太陽はその端の方にあるという事実を知ることができたのです。

質問 62. 銀河系はどんな形をしているのですか

銀河系の形は、ハーシェル、カプタイン、シャプレイなどの研究を通して、しだいに明らかになってきました。1950年代以降は電波による観測で、光では見通すことができなかった銀河系全体の観測ができるようになりました。さらに1980年代になって、人工衛星によって赤外線、X線などでも観測がおこなわれ、銀河系の姿が明確に捕えられるようになったのです。また、ヒッパルコス衛星によって12万個もの星についてその位置や固有運動が測定されました。これらの解析により、銀河系の研究は、また一歩の前進が期待されています。

これまでの研究から求められた銀河系の姿は、つぎのようなものです。

銀河系は大型の渦巻銀河で、円盤部、偏平楕円体部、暗黒ハロー部で構成されています。

円盤部は、種族Ⅰの恒星、散開星団、星間ガスが渦巻き状に分布して、高速で銀河中心の周りを回転している部分。いて、オリオン、ペルセウスと名付けられている三本の渦巻き腕が確認されていて、太陽はオリオン腕の内側のへりに位置します。

偏平楕円体部は円盤部を包む形で存在し、球状星団、星団型変光星など、種族Ⅱの天体を含む部分。ほとんど回転をしていません。

暗黒ハロー部は円盤部、偏平楕円体部を覆っている見えない部分。それがどこまで広がっているのか、どんな物質があるのかははっきりしていませんが、

球状星団やマゼラン雲などの運動から、そこに見えない何かが存在することが推定されており、確実なものではないけれど、暗黒ハロー部の質量は、銀河系の見える部分の質量と同程度はあると見積られています。

以下に銀河系の具体的な大きさなどを示すと

銀河系円盤部の直径	10万光年
銀河系円盤部の厚さ	1.5万光年
偏平楕円体部の直径	15万光年
太陽の位置	銀河面で中心から2.8万光年のところ
太陽の位置の円盤部の厚さ	5000光年
太陽付近の回転速度	220 km/s
円盤部分の総質量	太陽の 2×10^{11} 倍

となります。

銀河系は、以前はアンドロメダ銀河と似た渦巻銀河といわれていました。いわゆるハッブルの分類によるとSb型です。しかし、中央部の棒の部分が確認されたということで、近ごろは棒渦巻銀河であるともいわれています。

銀河系の構造を摸式的に描き表わしたものが図2.13です。

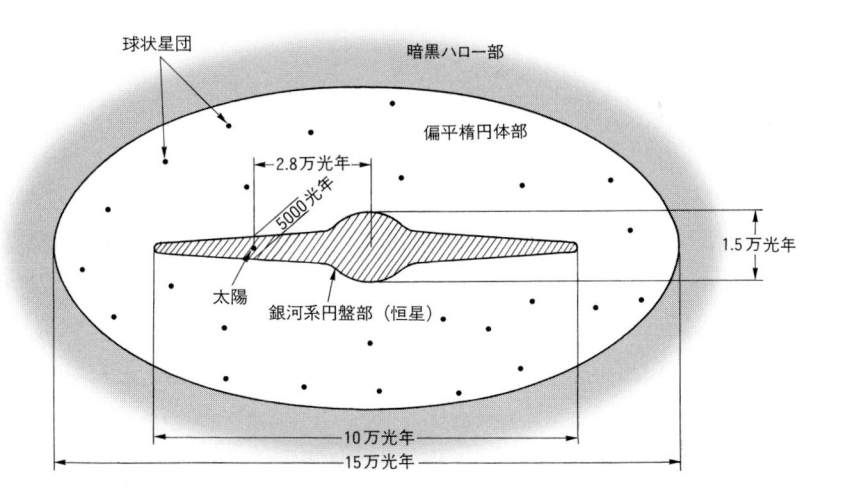

【図2.13】銀河系の構造(模式図)

> **質問 63. 銀河系の恒星はなぜ平たい円盤型に集まるのでしょうか**

　まず、膨大な量のガスが収縮して銀河を形成する過程を考えてみましょう。このようなガスの部分部分は勝手な動きをしていますから、とりたてて大きい角運動量をもっているとは思えません。しかし、すべてのガスの動きが角運動量をちょうど相殺してぴったりゼロになることは考えにくく、「全体としてある一定の角運動量をもつ」と考える方が自然でしょう。ところで、ガスが広大な範囲に分散しているとき、この角運動量は目立つような影響を示しません。そのため、初期には、ガスはほとんど回転せずに収縮すると考えられます。

　ただし、全体の角運動量は一定に保たれているので、半径が小さくなるにつれて、しだいに角運動量が目立つようになります。

　たとえば、半径1メートルのコマを考えてみましょう。このコマが1000秒に1回の割合でゆっくり回転しているとします。質量を同じに保って、このコマを半径1センチにまで縮めたとすれば、同じ角運動量で、このコマは1秒に10回転するはずです。このように、半径を小さくすれば回転数が増えるのです。フィギュア・スケートの選手が、身を細くして高速スピンをするのもまったく同じ理由です。

　このようなガスの集まりから、しだいに星が誕生します。星が生まれたあとは星間ガスが重要な役割をはたすことになります。

　ガスがほとんど星になりきってしまった星間ガスのない銀河や星団では、回転数が増えても、それぞれの星が相互に影響することはなく、角運動量を分け合って中心の周りを回転します。そのため、全体の形に大きな影響を与えずに球、あるいは楕円体に近い星の集まりを創ることになります。種族Ⅱの星の集まりである楕円銀河は星間ガスがなく、こうした過程で形成されたと思われます。また、種族Ⅱの星からなる球状星団は、銀河系形成の初期に生まれたものであって、まだ全体の回転が目立たない時期にあることから、銀河系に対してほぼ球対称に分布し、星団自体も球状なのです。

　星間ガスがある場合はどうでしょうか。ガスの粘性が、それぞれの星に抵抗

として働きます。したがって、ガスの中では特別に高速の星は存在できません。そのため、星とガスが一体となり、全体がまとまった形で回転する傾向を生み出します。極端な言いかたをすれば、星間ガスが糊となって、星と星をくっつけているようなものです。このときは個々の星の角運動量を大きくすることができないので、半径が小さくなるにつれて、全体の回転速度が増加します。すると、回転軸の方向には収縮できても、回転面の方向には高速回転の遠心力が作用するため、ある程度以上には収縮することができません。その結果、全体が平らにつぶされた円盤型になるのです。

銀河系は、特にその腕は、いったん星になった物質が空間に散らばり、そこから再び生まれた種族Ⅰの若い星からなる部分です。その周囲には星間ガスが豊富にあります。したがって、銀河系は円盤型に成長したのです。ほとんどの渦巻銀河の形はこのように説明できそうです。

まとめると、種族Ⅱの星の集まりは星間ガスが少なく、球状、楕円体状になり、種族Ⅰの星の集まりは星間ガスが多く、円盤型に近付くのです。

質問 64. 太陽の公転速度はどのくらいですか

太陽の公転速度とは、ここでは、銀河系の回転にともなって、銀河系の中心の周りを太陽が回転するときの速度を意味するものとします。

もし、銀河系の星が全部一体となり、同じ角速度で円運動をしているのであれば、これは星の図を描いたコウモリ傘を柄の周りにクルクル回しているようなもので、星の相互位置は変わりません。しかし、現実の銀河系では、中心近くの星と中心から離れた星とでは角速度が異なるために、相互位置が変わります。つまり、太陽から他の星を見れば、その距離や方向が変わるのです。

わかりやすいように、ここでは、太陽もその他の太陽近くの星も、銀河系中心の周りを等速円運動をしているとします。上に述べたように、太陽近くの星は太陽と相対的な速度成分をもちますから、この相対速度を視線速度と固有運動に分解します。これはどちらも観測できる量です。この関係を数学的に整理

すると、一般に

$$v_k = Ad \sin 2l$$
$$\mu_l = (A \cos l + B)/\kappa$$

の形になります。ただし、v_k (km/s)は視線速度、μ_l ("/年)は固有運動、d (kpc)はその星までの距離、l (度)は恒星の銀経、κ は単位を換算する定数で$\kappa = 2.109 \times 10^{-4}$、$A, B$ (km/s kpc)はオールト定数と呼ばれる未定の数値です。

　距離のわかっている星の視線速度と固有運動をたくさん観測すれば、そこからオールト定数 A, B を決めることができます。オールト定数が定まれば、銀河系中心から太陽までの距離を R (kpc)として、太陽の回転の速さ V (km/s)を

$$V = R(A - B)$$

として求めることができます。

　1985 年に国際天文学連合が採用した値は

$$A - B = 25.9 \text{ km/(s kpc)}$$
$$R = 8.5 \text{ kpc}$$

でした。ここからは、太陽の回転速度が 220 km/s と求められます。この数値に基づいて計算すると、太陽が銀河系中心の周りを 1 回転するのに 2 億 4000 万年かかることがわかります。

　なお、ヒッパルコス衛星が観測した 220 個のケフェイド型変光星による結果からは

$$A - B = 27 \text{ km/(s kpc)}$$

と、多少違った数値が求められています。現在国立天文台が進めているベラ計画(VLBI Exploration of Radio Astronomy ; VERA)が実施されれば、星の運動を精密に求めることができて、回転速度もより高い精度で決定できるであろうと期待されています(→質問101)。

質問65. 銀河系の渦巻き腕はなぜ形がくずれないのですか

　系外の渦巻銀河の写真からは、光った数本の腕が巻き付くように存在しているのが見てとれます。ここは他の領域よりも星が密集している部分です。直接見ることはできませんが、われわれの銀河系にも同様の腕があることがわかっています。

　しかし、この渦の巻き具合に一つの疑問が生じます。銀河を回っている個々の星の速度を調べると、中心から1500光年以上3万光年ぐらいまでの距離では、どこも毎秒200kmから300kmぐらいの速度で、あまり大きな変化は認められません。このことは、銀河系の外側ほど回転の角速度が小さいことを意味しています。そうだとすると、銀河の腕は外側ほど回転に時間がかかり、腕は中心の周りにギリギリと巻き付いてしまうはずです。ところが、系外銀河にそのように巻き付いた形のものはなく、腕は安定して存在するように見えています。これはどうしてなのでしょうか。

　これは、銀河の腕が一種の密度波であることで説明されています。密度波というのは、密度の高い部分がしだいに伝わる波で、物質そのものが波の速度で移動するのではありません。ご存じのように、水面を波紋が広がっていっても、水が波の速度で動くのではないのと同じことです。

　別のたとえでいえば、高速道路にできる車の渋滞のようなものです。渋滞のところは車の密度が大きい場所です。渋滞の個所は少しずつ移動しますが、いつも同じ車が渋滞しているわけではなく、車は少しずつ入れ変わっています。渋滞箇所の動く速さは車の速さと同じではありません。

　銀河系の腕は星が密集している場所で、いうならば星が渋滞している場所です。腕は星が回転する方向に動きますが、腕の速度は星の運動速度より遅く、星はやがて腕を追い越します。銀河系の中心に近いほど、星はどんどん腕を追い越すのです。このような機構で、腕は銀河中心に巻き付くことなく、安定して存在できるのです。

質問66. 銀河系の質量はどのくらい？

　銀河系の話とは直接関係のないことなのですが、万有引力で引き合っているのに、地球と太陽とは、なぜくっついてしまわないのでしょうか。

　この理由は、みなさんがよくご存知のとおり、そう、地球が太陽の周りを回っているため、回転の遠心力が外向きに働いて、引力と釣り合っているためです。ここから考えると、遠心力の大きさがわかれば、引力の大きさもわかり、そこから太陽の質量が推定できるはずです。

　これは地球に限らず、どの惑星に対してもあてはまることですから、この関係を導いてみましょう。

　話を簡単にするため、質量 M の太陽から一定の距離 r のところを、質量 m の惑星が速度 v で円運動をしているとします。惑星の角速度を ω とすれば、惑星に働く遠心力は $mr\omega^2$ です。ここで $\omega = v/r$ ですから、遠心力の大きさは mv^2/r と書き直すことができます。

　つぎに、万有引力は質量の積に比例し、距離の二乗に反比例する力ですから、万有引力の定数を G とすれば、惑星と太陽の間に働く引力は GMm/r^2 になります。

　この遠心力と引力が等しいのですから
$$mv^2/r = GMm/r^2$$
と置くことができ、そこから太陽の質量 M は
$$M = rv^2/G$$
という形で計算できることがわかります。

　ただし、$G = 6.67 \times 10^{-20}$ km^3/(kg・s^2) です。

　この式に、たとえば地球の公転の速度に $v = 30$ km/s、地球太陽間の距離に $r = 1.5 \times 10^8$ km を使えば、太陽の質量として $M = 2 \times 10^{30}$ kg がすぐに計算できます。ここで重要なのは、惑星の公転速度 v から太陽の質量 M が計算できるということです。

　ここまでは、惑星の速度から太陽の質量を計算する話でした。ここで銀河系

に話を戻すと、銀河系の質量も、似たような計算ができます。

　銀河系に対しても、その質量を見積るもっとも有力な手がかりは、中心を回る星の公転速度です。ただ、太陽系と異なっているのは、質量が銀河全体に平たく分布しているため、軌道の外側を含めて、その全体が銀河中心の周りを公転する速度に影響することです。したがって、太陽系では外側の惑星ほど公転速度が小さくなるのに対し、銀河系の星の場合は、中心からの距離が増加しても、図2.14のように公転速度はほとんど減少しません。これは、特に銀河系の外側に広がっている暗黒ハロー部の引力が影響しているためです。

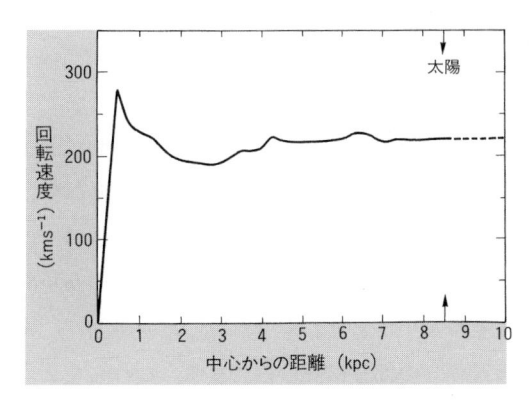

【図2.14】銀河系の回転曲線
J.E.Gunn et al.,*Astrophys.J.***84**,p.1181,1979.

　暗黒ハロー部の物質分布の形に適当な仮定をおけば、銀河系のさまざまな半径のところの星の公転速度から、その質量の推定が原理的にはできるかもしれません。しかし、外側の質量では球対称分布から外れた部分だけが公転速度に影響を与えるに過ぎず、存在する質量の一部だけしか効果を表わさないため、精密な質量を推定しにくいのが実情です。光を放っている部分の質量は太陽の2000億倍程度と見積もられていますが、暗黒ハロー部はどこまで広がっているのか、銀河系の総質量とともにはっきりわかりません。

　1987年のカーネイとレーサムの試算では、銀河系の中心から8.5キロパーセク離れている太陽が速度220 km/sで中心の周りを回っていることから、暗黒ハロー部は、最低限として半径が41キロパーセク、銀河系の総質量は太陽

質量の 4600 億倍と見積られています。

質問 67.　星間物質ってどんなものですか

　文字通りに解釈すれば、星と星の間に広がる星間空間に存在する物質は、すべて星間物質ということになります。しかし、通常はもう少し狭く考え、銀河系では、特に銀河面に沿って厚さ約 1000 光年ほどに広がって存在する希薄なガスやダスト(星間塵)を意味する場合が多いようです。ここでは、その考え方に沿って説明をしましょう。ただし、星を生み出す温床になっている密度の高い分子雲や散光星雲などは星間物質に含めないことにします。

　地上から天の川を見ると、星が密集していて、その間にあまり空間がないように思えるかもしれません。ところが、星が占めている体積はほんの微々たるもので、ほとんど大部分の体積が星間空間といっても過言ではありません。この銀河面に沿っている星々の間の空間を満たしているのが星間物質です。

　場所によって密度の大小があり、やや密度の高い星間雲、密度の低い希薄ガス、温度の高い高温ガスの部分に分けられます。これらを平均すると、星間ガスには、1 立方センチメートルに 1 個程度の粒子があることになります。これら粒子のほぼ 9 割が水素原子、残りの 1 割がヘリウム原子です。その他の原子もありますが、粒子数でせいぜい全体の 0.1 パーセント程度に過ぎません。

　さらに、星間物質の質量の 1 パーセント程度はダストといわれる小さい固体粒子です。具体的には、炭素、マグネシウム、ケイ素、鉄、酸素などの元素を含むケイ酸塩、グラファイトなどです。ダストの代表的な大きさは 0.3 マイクロメートルくらいでしょう。

　このようなダストは、可視光を遮ることでその存在がわかります。ガスに比べればその量は少ないのですが、ダストが光を散乱、吸収する力は非常に大きく、星間物質の厚い層があれば、光でその向うを見通すことはできません。大略、星間物質の 3000 光年から 4000 光年の距離に対して 1 等級くらい減光するものと考えられています。したがって、銀河系の中心方向、銀河面に沿った方

向は、光では遠くを見通せないのです。系外の渦巻銀河の写真では、その円盤の縁に沿って暗い帯状の部分が見えます。これは、銀河面に沿って存在するダストによって光が遮ぎられるためです。

　星間ガスは直接光で見ることができません。しかし、中性水素は波長 21 センチメートルの電波を放射しますから、電波観測によってその存在や分布を知ることができます。銀河系の星間ガスの状況は、この波長の電波の観測を通して明らかになったのです。

　銀河系以外の渦巻銀河についても、星間物質の状況は、銀河系の場合と大同小異であろうと思われます。しかし、楕円銀河など、種族 II の星からなる銀河には星間物質はないか、あってもごく僅かだと考えられています。

第三章　銀　　　河

アンドロメダ銀河 NGC 224

【さまざまな銀河】

質問 68. 銀河とはどんなものですか

　相互の引力によって一つにまとまった恒星の大集団の一種を銀河といいます。その領域に含まれる星間ガスや、周辺に広がる暗黒物質も銀河に含まれるものと考えます。

　これだけの説明では、まだ銀河をはっきりとイメージすることはできないでしょう。そこで、もっとも基本的なものとして、われわれの太陽を含んで約2000億個もの星が集まっている銀河系を一つの銀河の代表と考えてください。銀河系のような星の集団が銀河なのです。宇宙の中には、銀河系以外にも、このような星の集団である銀河が数1000億、あるいはそれ以上の数で存在しています。

　銀河は銀河系のような星の集団であるといいましたが、その広がり、質量、構造には非常に大きな幅があります。小さいものでは、たった10万個程度の星しかない、わい小銀河もあります。この星数は、銀河系に付随している球状星団より少ないものです。また、大きいものでは、たとえば、「おとめ座」の楕円銀河 M 87(NGC 4486)のように、銀河系の15倍以上の質量を持つ巨大銀河もあります。

　形態的に見ると、銀河には楕円銀河、渦巻銀河、不規則銀河など、さまざまな形のものがあります。また、中心部に急激な変動があり、大きなエネルギーを放出している活動銀河もあります。これらの詳細は項を改めて述べます。

　すでに述べたように、われわれの銀河系は一つの銀河です。銀河系を除いた他のすべての銀河を、銀河系の外部にある銀河という意味で、系外銀河といいます。

質問 69. 銀河にはどんな形のものがあるのですか

銀河は大きく三種に分けられます。全体の形が扁平な円盤状に星が集合し、その中に渦を巻くような構造をもつ渦巻銀河、渦の構造がなく楕円体に星が集合している楕円銀河(E 型)、そのどちらにも属さず、とりたてて形に特徴のない不規則銀河の三つです。

渦巻銀河はさらに、円盤中心部の膨らんだ部分(バルジ)から、若い星が高密度に存在して多量の星間ガスを含む明るい腕が外側に向かって巻き付くように伸びている渦巻銀河(S 型)と、バルジから明るい部分が両側に直線状に突き出し、その両端から渦巻き腕が伸びている棒渦巻銀河(SB 型)に二分されます(図 3.1)。

【図 3.1】渦巻銀河 M 74 と棒渦巻銀河 NGC 7479

S 型も SB 型も、渦巻き腕の開きが大きくなる順に、その形を a,b,c の小文字のアルファベットを付けて細分されます。また、楕円銀河は、球形から楕円のつぶれが大きくなる方向に、E 0 から E 7 まで細分されています。

銀河の形を研究したハッブルは、有名な音叉型分類を 1926 年に発表しました(図 3.2)。その後の研究者による分類も、基本的には、すべてこのハッブルの

分類に沿ったものが中心です。ハッブルは銀河が楕円型から渦巻型へ進化するという考えをもっていたようですが、現在は、一つの銀河がこのように進化するとの考え方は否定されています。

　それでは、このような形の違いはどうしてできたのでしょうか。銀河誕生のときの初期条件の違いによると考えられてはいますが、これはいまなお銀河物理学の重要なテーマの一つとなっているのです。

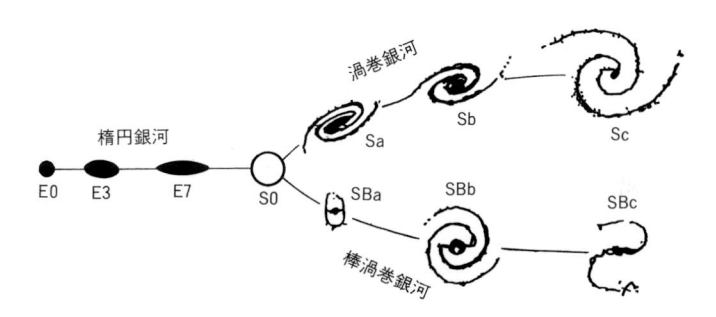

【図 3.2】 ハッブルの音叉型分類
E.Hubble, The Realm of the Nebulae, 1936.

　われわれの銀河系をはじめ、アンドロメダ銀河、さんかく座銀河などに見られる渦巻銀河は、いかにも銀河の代表という気がしますが、もっとも数の多いのは楕円銀河で、銀河全体の 80 パーセントは楕円銀河です。楕円銀河には星間ガスがほとんどなく、そこで星が新たに誕生している様子はありません。

質問 70.　マゼラン雲とはどんなものですか

　南半球の夜空には、天の川の流れと離れたところに、ぼんやりと広がって光る雲のようなものを二つ肉眼で見ることができます。「かじき座」にあって 11 度×9 度くらいに大きく広がっているのが大マゼラン雲、「きょしちょう座」にある 5 度×3 度くらいの広がりが小マゼラン雲で、この二つをともにマゼラン雲と呼んでいます。どちらも恒星の大集団である不規則銀河ですから厳密に

はマゼラン銀河と呼ぶべきでしょうが、以前からのいいかたにしたがって、一般にはマゼラン雲と呼ばれています。マゼランによる1519年から1522年にわたる世界一周航海の際に目撃されて、初めて北半球の天文学者にその存在が伝えられました。そこからマゼラン雲の呼び名が付いたのです。

　大マゼラン雲、小マゼラン雲は、銀河系にもっとも近い銀河で、それぞれ16万光年、20万光年ほどの距離にあります。しかし、どちらも銀河系に比べると小さく、大マゼラン雲の質量は銀河系の一割程度、小マゼラン雲は100分の1程度です。そこから、大小マゼラン雲は、銀河系の伴銀河と考えられています。銀河系を星にたとえれば、大マゼラン雲は惑星、小マゼラン雲は衛星という感じで、互いに重力を及ぼしあって結びついているのです。どちらのマゼラン雲も星間ガスを豊富に含んで、盛んに星形成がおこなわれていると推定されています。

　1987年2月に、大マゼラン雲の中に超新星 SN 1987A が発見されました。この超新星は5月半ばには2.8等の明るさに達し、南半球からは肉眼でも見ることもできました。これは、近代的観測がおこなわれるようになって以来、もっとも近いところで起った超新星の爆発でした。この爆発のときに放出されたニュートリノが、日本の神岡にあったカミオカンデやアメリカの IMB 検出器で初めて観測され、その後のニュートリノ天文学の基礎を築いたことは有名です。

質問71.　局部銀河群とは何ですか

　銀河は、それぞれが単独で存在しているのではなく、一般に、いくつかの銀河が集団になっています。われわれの銀河系が属している銀河の小さい集団を局部銀河群といいます。

　局部銀河群では、銀河系の他、アンドロメダ銀河(M 31)、さんかく座銀河(M 33)、大、小マゼラン雲など30あまりの銀河が、半径300万光年ほどの範囲に集まっています。その中には、暗く小さいわい小銀河がいくつも含まれます。アンドロメダ銀河の伴銀河である NGC 221(M 32)や NGC 205 も局部銀河

群に属しています。局部銀河群のメンバーとして35銀河が確認され、そのうちの16個がわい小楕円銀河です。その後1998年に、新たにアンドロメダV、カシオペヤ系、ペガスス系と呼ばれる3個の銀河が局部銀河群の中に発見されたので、確認されたメンバーは全部で38個になりました。暗くかすかであるためにまだ未発見のメンバー銀河があるかもしれません。局部銀河群の主要メンバーを表3.1に示しました

　局部銀河群の外側にはどんな銀河群があるのでしょうか。近くのものだけをいくつか挙げておきましょう。およそ600万光年から1000万光年の距離のところには、「おおぐま座」のM81を含む銀河群と「ちょうこくしつ座」の銀河群があります。これが局部銀河群の隣の銀河群です。どちらも局部銀河群と似ていて、大きな渦巻銀河が二、三個と、数多くのわい小銀河から成り立っています。もう少し遠くの「おおぐま座」方向には、1500万光年から2000万光年離れたところに、巨大な渦巻銀河M101を含む銀河群があります。さらに「おとめ座」方向の4000万から6000万光年離れたところには「おとめ座銀河群」があります。これは数1000個の銀河を含む大きな銀河群です。

【表3.1】 局部銀河群の主要銀河（理科年表から抜粋、銀河系を除く）

名　前	赤経	赤緯	等級	みかけの大きさ	距離
	h　m	°　′	等	′　′	万光年
大マゼラン雲	5 23.6	−69 45	0.6	650×550	16
小マゼラン雲	0 52.7	−72 50	2.8	280×160	20
アンドロメダ銀河	0 42.7	+41 16	4.4	180×63	230
さんかく座銀河	1 33.9	+30 39	6.3	62×39	250
りゅう系	17 20.0	+57 55	11.9	40×25	25
こぐま座銀河	15 08.8	+67 12	11.6	32×21	25
ちょうこくしつ系	1 00.0	−33 42	9	20×20	30
ろ系	2 39.9	−34 31	9.0	20×14	60
NGC 205	0 40.4	+41 41	8.9	17×10	230

質問 72.　活動銀河とはどんなものですか

　中心核の活動が活発で、一般の銀河に比べて異常といえるほど大きいエネルギーを生み出している銀河が活動銀河です。このようなエネルギーを生み出す主因として、活動銀河には中心核にブラックホールの存在が推定されています。

　重力 g のところを質量 m の物体が距離 h だけ落下すると、よく知られているように mgh の位置のエネルギーを生み出します。ブラックホールは表面重力がたいへん大きいので、そこにガスが落ち込むと、非常に大きい位置のエネルギーを生み出すのです。そのエネルギーは、たとえば紫外線、X 線などの形で放射されます。銀河の 1 パーセントくらいがこの活動銀河と思われます。

　活動銀河は、その見かけの様子や、放射される電磁波の波長によって、セイファート銀河、ブレーザー、N 型銀河、電波銀河など、いくつもの種類に分類されています。

質問 73.　セイファート銀河とはどんなものですか

　銀河の中心に明るい中心核があり、そこから強く、幅の広い輝線が出ている銀河をセイファート銀河といいます。1943 年にセイファートがこの種の銀河の存在に初めて気付いて研究したことから、セイファート銀河の名がつけられました。これは活動銀河の一種です。

　観測される輝線には、主として水素のバルマー線、酸素、硫黄の禁制線などがあります。スペクトルに輝線があるのはそこに高温のガスがあることを意味し、輝線の幅が広いことはそのガスの運動が激しいことを意味します。

　一般にガスが視線方向に運動すると、ドップラー偏移でスペクトル線の波長がずれます。スペクトル線の幅が広くなるのは、そのガスの中に視線方向に近付くものと遠去かるものとが混在するためです。セイファート銀河の場合は、中心核のブラックホール近くにあるガスが降着円盤となり、中心核の周りをガ

スが高速で回転しながらブラックホールに落ち込むためと考えられます。回転の速度はこのとき毎秒1万キロメートルにも達し、そこには、遠去かるガスの成分も、近付くガスの成分もあるために、ドップラー効果でスペクトル線の幅が広がるのです。セイファート銀河には、水素のバルマー線の幅を速度に直すと毎秒数1000キロメートルに達するタイプ1のものと、バルマー線も禁制線もその幅が毎秒500から1000キロメートル程度のタイプ2があります。タイプ1にはたとえば「りょうけん座」のNGC 4151があり、また、タイプ2の例としては「ケンタウルス座」のNGC 4388があります。

質問74. 電波銀河とはどんなものですか

通常の銀河に比べて電波を強く放射している銀河が電波銀河です。どのくらいの強度のものを電波銀河というのか明確な基準はありませんが、一般的に10^{34} J/s以上のエネルギーで電波を放射している銀河を、電波銀河と呼んでいるようです。

電波天文学の初期には、天球上のあちらこちらで発見される点状の電波源を、それぞれの星座の中で電波の強い順にA,B,C,……の記号を付けて表わした時代がありました。たとえば、はくちょう座でもっとも強い電波源が「はくちょう座A(Cyg A)」で、ケンタウルス座でもっとも強い電波源が「ケンタウルス座A(Cen A)」でした。1950年になって、こうして発見された電波源のうち、「おとめ座A(Vir A)」が銀河M 87(NGC 4486)に、「ケンタウルス座A」が銀河NGC 5128に(ともに楕円銀河)対応することがわかりました。こうして、銀河の中に電波を放射する銀河のあることが認識されたのです。しかし、はっきりした電波銀河という考えかたにはまだ到達しませんでした。

電波銀河の存在を大きくアピールしたのは「はくちょう座A」です。1951年になって「はくちょう座A」の位置に15.1等の明るさの銀河があること、その赤方偏移が$z = 0.0565$であることが突き止められました(→質問76)。これは10億光年以上の距離に相当し、銀河を光で認識するのはかなり困難な距

離です。それにもかかわらず「はくちょう座A」は全天でもっとも強い電波源なのです。つまり、この銀河は光よりもはるかに強いエネルギーで電波を出しているのです。この事実から、電波銀河の概念が初めて確立しました。

その後の研究から、「はくちょう座A」には、中心の銀河から両側に対称に噴き出したジェットの雲があり、中心からそれぞれ15万光年も離れたその両端に強い電波源があることがわかりました。電波銀河には、このような形で二つ目玉の電波源を持つものが多数あるのです。しかし、数は少ないものの、中心核からかなり強力な電波を放射している銀河もあります。電波銀河は多数発見されてはいますが、銀河全体からみればごく僅かの割合にすぎません。

電波銀河のほとんどが楕円銀河ですが、楕円銀河のすべてが電波銀河というわけではありません。大型の楕円銀河だけを考えても、そのうち電波銀河であるのはせいぜい10パーセント程度です。

電波銀河はどのようにして強い電波を出しているのでしょうか。1954年になって、この電波はシンクロトロン放射によるものであることがわかりました。シンクロトロン放射とは、磁場の中を光速に近い速さで電子が回転するときに電磁波を放射する機構です。

質問75. 系外銀河までの距離はどのようにして測るのですか

ケフェイド型変光星の周期光度関係を使って、そのケフェイド型変光星を含む銀河までの距離が測れることを質問30で説明しました。銀河の距離を決定するには、これがもっとも確実で基本的な方法なのです。しかし、この方法を使うためには、その銀河内で一つ一つのケフェイド型変光星を分離して確認しなければなりません。その観測が可能な距離は、地上の望遠鏡で1600万光年程度まで、ハッブル宇宙望遠鏡を使ってもせいぜい6500万光年程度に過ぎず、それ以上の距離に対しては、この方法を適用することができません。

さらに遠い銀河の距離を決めるのには、さまざまな方法が考案されていますが、ここではこれらの方法についていちいち説明をすることを避け、より遠く

の銀河までの距離測定ができる方法、また、かなり一般的に適用できる方法を二、三述べるだけにします。

遠い銀河の距離を決定するのに、超新星を使う方法があります。超新星は非常に明るい天体で、その母銀河全体と同じくらいの明るさになりますから、遠い銀河に出現しても比較的容易に確認できて、30億光年ぐらいの距離まで測定ができます。

超新星には、Ⅰ型とⅡ型があり、Ⅰ型の超新星は、連星の一方の白色わい星の質量がチャンドラセカールの限界を超えたときに起こります。爆発時の星の質量がどの星でも同じチャンドラセカールの限界ですから、Ⅰ型のどの超新星もほとんど同じ条件で爆発し、したがって、その極大時の絶対等級はすべてほぼ等しいはずです。モデル計算、距離のわかっている銀河で爆発した超新星の観測などから、その極大時の絶対等級 M はマイナス 19.5 等程度と計算されます。この数値がわかっていますから、見かけの極大等級 m の観測をすれば、どの銀河に出現してもその距離 d は

$$M = m + 5 - 5\log d$$

の式でたやすく計算できます。極大時の絶対等級に $M = -19.5$ を使えば、パーセク単位で表わした銀河までの距離が d になります。仮に見かけの等級が 10.5 等であったとすれば、$m = 10.5$ として、$d = 10^7$ となります。つまり距離は 10 メガパーセクです。

現実にはⅠ型の超新星の極大時の絶対等級には多少のばらつきがあるので、減光曲線を観測してその修正をする必要がありますし、観測した見かけの明るさは経路途中で光の吸収の影響を受けますからその補正も必要です。したがって、信頼できる距離を求めるにはさらに多少複雑な手続きが必要ですが、距離決定の大筋はおわかりいただけるでしょう。

Ⅱ型の超新星を使っても距離を求めることができます。しかしⅡ型の超新星は極大絶対等級が一定ではありません。したがってその後の減光や色の変化、膨張するガスの視線速度の観測など、やや複雑な観測と計算手続きが必要になります。ここではその説明を省略します。

超新星による銀河の距離の測定は、たまたまその銀河に超新星が出現したチャ

ンスを利用するものです。したがって、距離を知りたい銀河があったとしても、うまく超新星が出現してくれない限り、この方法を適用することはできません。これがこの方法の最大の欠点です。

　渦巻銀河の距離決定にかなり一般的に適用できるものとして、1977年にフランスのタリーとアメリカのフィッシャーが導き出したタリー・フィッシャー法があります。これは水素原子の出す波長21センチの電波を観測して、銀河の回転速度を測る方法です。

　渦巻銀河は回転していますから、その片側はわれわれから遠去かり、片側は近付く運動をしています。したがって、その銀河から出る電波は、ドップラー効果によって一方は波長の長い方に、一方は短い方にずれ、その線の波長幅が広がって観測されます。つまりこの幅は、銀河の回転速度に $\sin i$ をかけたような量を示します。i は視線と直交する面と銀河面とがなす角度です。

　タリーとフィッシャーは、ここから求めた渦巻銀河の回転速度とその真の明るさの間に、かなりよい相関関係があることに気付きました。明るい銀河ほど回転が速いという関係です。したがって、電波観測でそのスペクトル線の幅を調べれば、そこから銀河の真の明るさがわかるのです。角度 i は、銀河の見かけの長軸と短軸の長さの比から求めることができます。こうして求めた銀河の真の明るさを見かけの明るさと比較すれば、その銀河の距離が求められます。これがタリー・フィッシャー法です。この方法で、3億光年くらいまでの渦巻銀河の距離を求めることができます。

　タリー・フィッシャー法は渦巻銀河だけに適用できる方法ですが、楕円銀河に対しては、その中を運動する星の速度と銀河の真の明るさとの間に似たような関係が成り立つことを1980年にアメリカのフェイバーたちが発見しました。これによって楕円銀河の距離を求めることもできるようになりました。この方法をフェイバー・ジャクソン法といいます。

　ただ、残念なことに、ここで使った関係はどちらも厳密に成り立つものではなく、一種の相関関係にすぎません。したがって、得られた銀河の距離に20パーセント程度までの誤差が入り込むことは避けられません。この方法を使う限りこれは止むを得ないことです。

銀河の距離指標として非常にしばしば使われるものに、つぎの項で述べる赤方偏移 z があります。この z から銀河の視線方向の後退速度を求め、それにハッブルの定数をかけることで距離に換算できます。非常に遠い銀河、クェーサーなどの距離を一般的に求めるには、この方法しかないといってもいいでしょう。こうして得られる距離の大小は相対的には正しいと思われますが、ハッブルの定数が確定していないため、これを絶対的な距離に換算するには、いまのところかなり問題が残っています。

質問76. 赤方偏移 z とは何ですか

天体から生じている光、電波などの電磁波のスペクトル線は、そのスペクトル線を生み出す元素によって、決まった波長のところに現われます。水素の出すバルマー線の波長は、たとえば H_α が 656.3 ナノメートル、H_β が 486.1 ナノメートルと決まっています。

しかしこれは、その電磁波を放射する天体が観測者に対して静止している場合です。天体が視線方向に移動している場合には、ドップラー偏移によってそのスペクトル線が波長のずれたところに現われます。天体が遠去かりつつあるときには、波長の長い方、可視光線の色でいえば赤の方にずれます。これが赤方偏移といわれるものです。

いま、本来の波長 λ_0 のスペクトル線が、赤方偏移によってずれた波長 λ のところに観測されたとします。このとき

$$\lambda / \lambda_0 = 1 + z$$

の関係から定まる数値 z のことを、赤方偏移 z といいます。これはつまり、見かけ上の波長が $(1+z)$ 倍になる赤方偏移に相当します。たとえば H_α 線が 820.0 ナノメートルの位置に観測されたとすると、820/656.3 = 1.249 ですから、赤方偏移は、$z = 0.249$ となるのです。

ハッブルの法則 (→質問84) によって遠い銀河ほど高速で遠去かっているのですから、銀河が遠いほど赤方偏移 z は大きくなります。z の観測が比較的容易

であることから、z は銀河、クェーサーなど、非常に遠い天体の距離の指標としてしばしば使われます。ハッブルの定数、その他はっきり確定されていないパラメーターがあるので、いまのところ z を直接正確な距離に換算することはできませんが、相対的に距離を比較する場合に z は便利です。z のなるべく大きい、つまりできるだけ遠方の天体を探す努力が続けられ、これまでに z が 6 を超える天体まで発見されています。天体の赤方偏移が $z=6$ であるというのは、この天体が光速の 96 パーセントの速さで遠去かっていることを意味します。

質問 77. クェーサーとはどんなものですか

1960 年代に入って、それまで想像もしていなかった新種の天体が発見されました。見かけは一見恒星状ですが、赤方偏移が大きいところから、非常に遠距離にある天体と推定されます。遠距離にあっても恒星のように明るいのですから、放出エネルギーが恒星よりも遥かに大きくなければつじつまが合いません。事実、全光度は太陽の 10^{12} 倍から 10^{15} 倍にも達します。この天体がクェーサーです。ここでは、ごく簡単にその発見のいきさつを述べておきましょう。

1950 年代の終わり近く、電波源の構造を観測し、調査していたサンデージたちは、恒星状に光り、見かけの大きさがごく小さい電波源をいくつか発見しました。これらが 3 C 48、3 C 273 などと呼ばれる天体です。ただし、その可視光のスペクトルはどんな星とも異なっており、わけのわからないものでした。

しかし、1963 年になってシュミットが、未知の輝線と思われていた 3 C 273 の 5 本のスペクトル線は、実は水素のバルマー線が大きく赤方偏移したものである事実を突き止めたのです。ここから求められた赤方変移は $z=0.158$ で、3 C 273 は光速の 15 パーセントにも達する速さでわれわれから遠去かっている天体であることがわかりました。これは、ざっと 15 億光年もの距離に相当します。この距離にあってもなお、3 C 273 の実視等級は 12.9 等もあるのですから、これが恒星としてはとうてい説明できない、異常な明るさの天体であるこ

とは明らかです。

　このようにして、クェーサーの存在が初めて示されました。実のところ「おとめ座」にある 3 C 273 は、われわれにもっとも近く、見かけ上もっとも明るいクェーサーだったのです。

　見たところ星に似た天体ですから、この天体は準星、準恒星状天体(quasi-stellar object)、QSO など、さまざまな名で呼ばれました。現在は quasi-stellar を縮めたクェーサー(quasar)の呼び名が一般的になっているようです。

　その後、クェーサーはつぎつぎに発見され、その数はこれまでに 1 万個以上に達しています。初め電波源として発見されはしましたが、実のところ、ほとんどのクェーサーは必ずしも強い電波源というわけではありません。距離は非常に遠く、その赤方偏移は $z = 6$ を超すものまであります。

　ところで、クェーサーとは一体どんな天体なのでしょうか。どのような機構で、異常ともいえるほど多量のエネルギーを出しているのでしょうか。完全にそれが解決されているわけではないのですが、いまのところもっとも受け入れられている解釈では、観測されているクェーサーは、進化の初期にある明るい銀河の活動銀河核であるというものです。中心のブラックホールに周辺のガスが落ち込むことで、この大きなエネルギーを創り出しているという考えによっています。

質問 78. ガンマ線バーストとは何ですか

　天球上の一点から、突然、強いガンマ線の放射が数秒から数 10 秒にわたって観測されることがあります。この現象がガンマ線バーストです。このガンマ線を放射する天体はガンマ線バースター、あるいはガンマ線バースト天体と呼ばれます。

　ガンマ線は大気で吸収されてしまうので、地上でガンマ線バーストを観測することはできません。核爆発を探知する目的で打ち上げられていた軍事衛星が 1969 年に偶然にガンマ線バーストをとらえたことから、この現象の存在が初

めて明らかになりました。それ以来、ガンマ線バーストがどこでどのようにして生ずるのか、天文学者の関心を集めてきました。そして、ガンマ線バーストを観測するため、1991年に、スペースシャトルからコンプトン・ガンマ線観測衛星が軌道に載せられました。この観測によって、ガンマ線バーストは、天球上のどこかで数日に一度くらいの割合で起っていることがわかりました。しかし、そのガンマ線のやってくる方向は、特定の恒星や銀河には対応せず、発見以来30年近く経っても、ガンマ線バーストの正体は、依然として謎のままでした。

1996年4月に、イタリア、オランダが協力して、ガンマ線バーストの起る方向を精密に決めることができるガンマ線観測衛星「ベッポ・サックス」を打ち上げました。これによって、ガンマ線バーストが起ると、その位置をすぐに地上の大望遠鏡で追跡観測する態勢が整ったのです。そうして、やっとガンマ線バーストの正体を知る手がかりが得られ始めました。たとえば1997年5月に起ったガンマ線バースト GRB 970508 に対しては、その位置でどんどん暗くなっていく20.5等の天体が光学的に確認され、そのスペクトルから赤方偏移 $z = 0.835$ が求められたのです。これは、ガンマ線バースターの距離が数10億光年もの遠くにあることを意味しています。引き続くいくつもの観測で、ガンマ線バーストが非常に遠い銀河の出来事であることが確実になりました。

1999年1月に、観測史上もっとも明るいガンマ線バースト GRB 990123 が起こりました。これはロス・アラモスのロボット光学遷移現象探査実験装置で、なんと9等の明るさで観測されたのです。ただし、これはすぐに暗くなって、8分後には14等の明るさに落ちました。このガンマ線バーストは、それまでに観測されたバーストの1万倍もの明るさでした。また、このバースターの赤方偏移は $z = 1.61$ で、およそ90億光年も遠くの現象でした。

遠距離の現象が、地球においてこれだけの明るさに観測されることは、ガンマ線バーストが想像以上に大きいエネルギーを放出する爆発現象であることを意味します。上記の GRB 990123 は可視光で 10^{42} ジュール、ガンマ線で 10^{47} ジュール以上のエネルギーを放出していると計算されます。このような膨大なエネルギーはどんなメカニズムで放出されるのでしょう。二つの中性子星の衝突によ

るとか、巨大質量星の崩壊によるとか、いくつかの説が提案されてはいますが、確定的なものではありません。ガンマ線バーストは、いまなお未解決の謎が残る現象なのです。

質問 79. 重力レンズとはどんなものですか

　相対性原理によって、重力により光の進路が曲げられることがわかっています。アインシュタインは、視線上に二つの星が重なると、近い星の重力によって遠い星からの光の進路が曲げられ、遠い星は近い星の周りにリング状になって見えるはずであるという計算をおこなっています。この像をアインシュタイン・リングといいます。これを図に描くと、ちょうどレンズで光が曲げられる状況に似ています(図3.3)。ここから、重力によってこのように光が曲げられ、実際と異なる像が見える現象を重力レンズ(現象)といいます。それでも、これは理論的にはこのようになるというだけの話で、アインシュタイン自身は、現実にはこのような現象はないと考えていたようです。

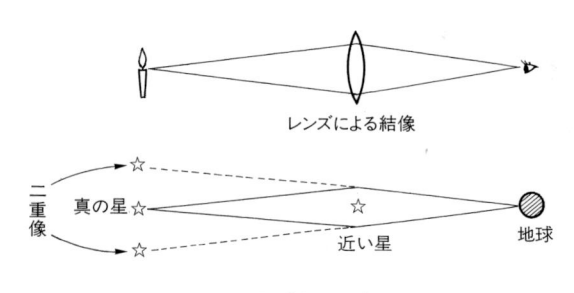

【図3.3】重力レンズ

　それでも、銀河や銀河団のように質量の大きいものは、星に比べればその重力は桁違いに大きく、それに応じて光も大きく曲げられるはずです。このような場合、位置関係のちょっとしたずれや、重力ポテンシャルの球対称からの外れなどによって、後方の天体は、歪んだり、多重像になったり、いろいろの形に見える場合が想定されます。スイスのツヴィッキーは1937年に、こうした

重力レンズ現象は、現実に観測できる可能性が十分あると主張しています。

　この予想は当たったといえましょう。40年あまり経った1979年に、重力レンズ現象がアリゾナ大学のウォルシュたちによって初めて発見されました。「おおぐま座」で僅かに離れた二重像のクェーサーが見えたからです。これは本来は1個のクェーサーですが、前方の銀河による重力レンズ効果で、二重に見えているのです。

　重力レンズは暗黒物質でも生じます。したがって、重力レンズ像は暗黒物質の位置や質量を推定する手がかりにもなります。また、ここから宇宙の大きさや年齢に関する情報も得られます。ハッブル定数まで求めることができるのです。

　たとえば、この「おおぐま座」の二重像、クェーサーの二つの像の研究からは、一方の像の変化が400日ほど遅れて他方の像に現われることが突き止められました。レンズの役割をする銀河団の質量分布を仮定して、ここから暫定的に、1メガパーセク当たり毎秒64キロメートルのハッブル定数が求められています。このように、重力レンズがたくさん発見されれば、天文学に貢献するさまざまな情報が得られることが推測されます。しかし、2000年末までに発見されている重力レンズは、残念ながら数10個といった程度に過ぎません。

【宇宙の構造】

質問80.　銀河群、銀河団とは何ですか

　いくつもの銀河が寄り集まった集団を銀河群、あるいは銀河団といいます。銀河群と銀河団の間に明確な境界はありませんが、通常は数個から数10個程度の銀河集団を銀河群と呼び、それ以上の数の集団を銀河団と呼びます。質問71で述べたように、われわれの銀河系は30個あまりの銀河が集まった局部銀河群に属しています。

　銀河群を調べたカタログはたくさんあり、たとえばタリーが1987年に編集

したカタログには、銀河系近くの179個の銀河群が挙げられています。そこでは、直径100万光年ぐらいの範囲に5個程度の銀河の集まっているものが、代表的な銀河群です。

　一方、銀河団の例として「かみのけ座銀河団」を考えましょう。これは見かけの直径が0.5度くらいの範囲に1000個以上の銀河が集まっているもので、実直径は2000万光年もある集団です。パロマーのシュミットカメラの写真を調査して1958年に発表されたエイベル・カタログには、2712個の銀河団が記載されています。その後この改訂版として1989年に出版されたACOカタログには、南天の銀河団1364個が追加されています。

　詳細に調べると、どの銀河も必ずどこかの銀河群、銀河団に属していて、まったく孤立した銀河はほとんどないようです。どうして銀河はこのように集まっているのか、これはもちろん、それぞれの銀河が大きな質量をもち、重力で引き合っているためです。しかし、銀河団に含まれるそれぞれの銀河は、平均的には毎秒200キロメートルもの速度で勝手な方向へ運動している場合が多く、このままでは、数10億年もすると銀河団がばらばらに分解してしまうはずです。銀河団の成り立ちを考えると、そんなに寿命が短いはずはありません。これは、おそらく銀河団の中に見かけ上観測にかからない非常に多量の暗黒物質があり、その重力が銀河を引き止めているためと想像されます。

質問81. ボイドやウォールとは何ですか

　宇宙空間の中で、銀河がほとんど存在していない大きな空洞の領域がボイド(超空洞)、また、いくつもの銀河が延々と壁をつくるように連なって並んでいるものがウォール(壁)です。

　ボイドはハーバード・スミソニアン天体物理学センターのカルシュナーが銀河の分布を調査していて、1981年にはじめて気付きました。発見されたボイドは直径が3億5000万光年もある巨大なもので、この中にはほとんど銀河がありません。

この発見に疑問をもった同じくハーバード・スミソニアン天体物理学センターのゲラーたちは、それが誤りであろうと、自分で銀河の観測を始めました。しかし、その結果はボイドの存在を再確認するものでした。それだけでなく、ボイドを囲む銀河が、延々と並んで壁のように連なっていることに気付いたのです。この銀河の並びがウォールです。発見したウォールのもっとも大きいものは、長さが5億光年、幅が2億光年、厚さが1500万光年もの大きさがあります。誰いうとなく、これはグレート・ウォール(万里の長城)と呼ばれるようになりました。このようなボイドとウォールが組み合わさった形は、いくつもくっつき合っている洗剤の泡の表面に沿って銀河が分布しているように思えることから、宇宙の泡構造といわれます(図3.4)。

　これらボイド、ウォールなどは、宇宙のほんの一部の領域だけを観測して導き出したもので、宇宙全体を代表する構造であるかどうかは必ずしも確定的ではありません。カリフォルニア大学のクーたちは、細いビームの上を観測し、ほぼ4億光年の等間隔で銀河が規則的に分布していることを発見したと1990年に発表しています。こうした状況から考えると、銀河の分布による宇宙の大構造がどのようになっているのか、真の姿がわかるのはこれからだと思われます。

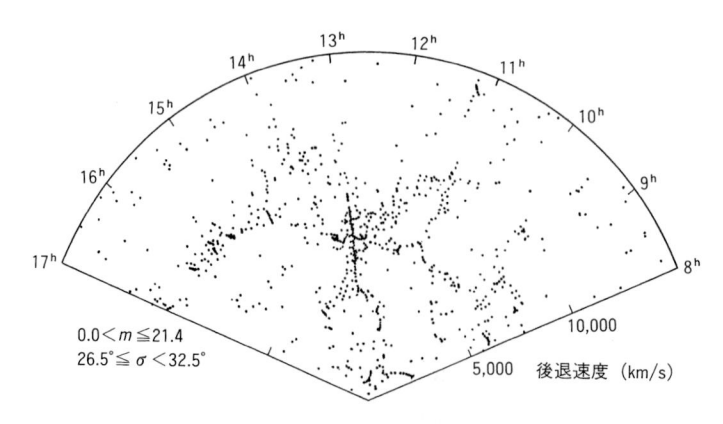

【図3.4】銀河分布のボイドとウォール
J.Huchra et al., *IAU* **130**, p.109, 1988.

質問 82. 超銀河団とはどんなものですか

　いくつもの銀河群や銀河団が集まって、さらに1億光年を超える大きさをもつ集団構造を創っているとき、これを超銀河団といいます。つまり、銀河団の集団が超銀河団です。超銀河団の存在を主張する人は、星が集まって銀河を創り、銀河が集まって銀河群や銀河団を創り、それがまた集まって超銀河団を構成するというぐあいに、宇宙が階層構造をなしているという考え方を根底にもっています。

　しかし、これまでの観測からは、きれいに分かれていくつもの超銀河団が存在するという形ではなく、どちらかといえば、銀河団がいくつもつながってウォールを創っている場合が多いようです。いまの段階では、このウォールのような構造を超銀河団とみなすことができるでしょう。そして、こうした銀河団のつながりが宇宙の大規模構造を創っていると考えられています。このような大きな構造の間には、もはや力学的平衡が成り立っているとは思われません。

第四章　宇　宙　論

おおぐま座の銀河団 CI 0939+47（国立天文台）

【宇宙の膨脹】

> **質問 83. 宇宙膨張はどのようにしてわかったのですか**

　1910年代の前半に、アメリカのスライファーは25個の渦巻銀河のスペクトル観測をして、そのうちの21個に赤方偏移があることに気付きました。赤方偏移とは、スペクトル線が通常の位置より波長の長いところ、可視光線の色でいえば赤の方にずれた波長に観測されることです。このずれがドップラー効果によって生じたと解釈すると、これは多くの銀河がわれわれから遠去かりつつあることを意味します。この事実は天文学者を驚かせました。銀河スペクトルの赤方偏移から求めた速度には、毎秒1000キロメートルに達するものもあったのです。ここから、銀河スペクトルの赤方偏移はドップラー効果によるものではなく、何か別の原因によるのではないかと考えた人もいましたが、それをうまく説明できる理論はありませんでした。

　アメリカのハッブルはいくつもの銀河の距離測定をおこない、それを赤方偏移と比較することで、銀河の距離に比例してその銀河の遠去かる速度(後退速度)が大きくなる関係を発見しました。これが有名なハッブルの法則(→質問84)です。この法則によって、銀河間の距離は決まった法則にしたがって離れつつあることが確かになったのです。

　いま仮に、無限に伸びるゴムの膜の上にいくつもの点を描いておき、そのゴム膜を決まった速さで引き伸ばすことを考えてみます。これをゴム膜を膨張させるといってもいいでしょう。そうすると、膜の上の点の間の距離はどんどん大きくなります。ある一点から見ると、遠い点ほど離れる速度は大きくなり、その速度は距離に比例します。これはハッブルの法則で表わされる銀河間の距離の関係と一致します。こうしたことから、ハッブルの法則にしたがって銀河が遠去かることを、宇宙の膨張という言葉で表すことになったのです。

　ハッブルにより求められた「宇宙の膨張として表わすことができる一定の法則」によって、ほとんどすべての銀河が遠去かっていることがわかり、その後

の観測によって、遠方の銀河には必ず赤方偏移があることが確認されました。こうして、宇宙の膨張は、多くの天文学者が認める、ゆるがぬ事実となったのです。

　宇宙が膨張するという言いかたはときとして誤解を招くことがあります。宇宙が膨張するのだから、太陽と地球の距離も大きくなり、地球も膨張して大きくなるのではないかと考える人がいるからです。宇宙の膨張は銀河間の距離に関して適用されるだけであって、それぞれの銀河内の星相互の間隔が伸びることを意味しているのではありません。

質問84. ハッブルの法則とはどんなものですか

　「遠方の銀河ほど速い速度でわれわれから遠去かっていて、その速度はわれわれからの距離に比例する」というのがハッブルの法則です。

　この関係を求めるには、銀河までの距離と、その遠去かる速さ(後退速度)とを別々に観測しなければなりません。銀河の後退速度は、目的とする銀河のスペクトル観測をおこなってその赤方偏移を調べれば、比較的容易に知ることができます。大きな問題は、測定の難しい銀河までの距離を求めることにあります。

　アメリカ、ウイルソン山天文台のハッブルは、完成したばかりの、当時としては世界最大であった2.5メートル反射望遠鏡を使って、銀河の距離測定に挑みました。銀河の距離測定の方法が、現在のように確立していない時代のことでしたから、この測定は困難を極めました。

　ケフェイド型変光星を使ってまずアンドロメダ銀河(M 31)や、さんかく座銀河(M 33)の距離を求め、さらに、銀河内でもっとも明るい星の光度を一定とみなす、同じく球状星団の明るさを等しいとみなす、あるいは銀河そのものの大きさを等しいと仮定するなどの方法で、とにかく24個の銀河の距離を求めたのです。これを赤方偏移から求めた後退速度と比較したところ、初めに挙げた比例関係が求められたのです(図 4.1)。これが1929年のハッブルの法則の発見

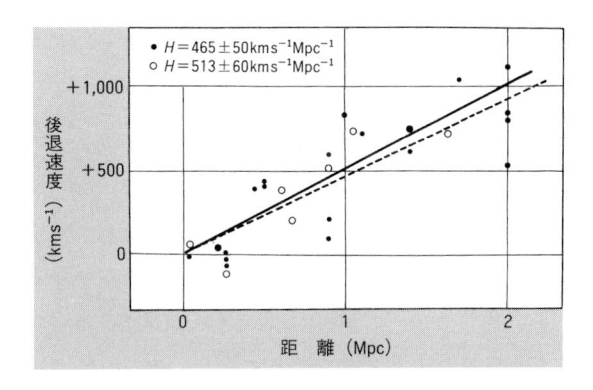

【図4.1】ハッブルが求めた銀河の距離と後退速度との関係
E.Hubble, *Proc.Nat.Acad.Sci.* **15**, p.169, 1929.

でした。

銀河の後退速度を v、銀河までの距離を r とすると、ハッブルの法則は、H_0 を比例定数として

$$v = H_0 r$$

という形に書き表わすことができます。この比例定数 H_0 がハッブルの定数で、しばしばメガパーセク(Mpc)当たりの速度(km/s)という単位で書かれます。ときには単位を省略して数字だけで表現されることもあります。ハッブルの法則はこのような簡単な関係式で示されますが、そこに含まれるハッブルの定数の決定は、正確な銀河の距離決定が必要なため、非常に困難な仕事になります。

初めにハッブルが求めた数値は $H_0 = 500$(km/s)/Mpc にも達する非常に大きな数値でしたが、これは銀河の距離決定に大きな系統誤差が含まれていたためでした。その後の多くの人の研究で、H_0 として 50 から 100(km/s)/Mpc にわたるさまざまな値が求められています。

ハッブルの定数 H_0 の値を正確に求めることは、宇宙論で非常に重要であるため、宇宙空間に打ち上げられているハッブル宇宙望遠鏡を優先的に使用して、10パーセント以内の誤差でハッブルの定数を求めようという「ハッブル・キープロジェクト」がいくつかのチームで進められています。その一つのチームが求めた結果は

$$H_0 = 71\pm7 \text{(km/s)/Mpc}$$

というものでした。その他のチームの結果が待たれます。

> **質問 85.　宇宙の年齢はどのようにして決めるのですか**

　これまでの観測から、宇宙は一様に膨張していることがわかっています。これを数式で表わしたものがハッブルの法則です。質問 84 で述べたように、銀河までの距離を r、銀河の後退速度を v とすると、その関係はハッブルの定数 H_0 によって

$$v = H_0 r$$

と書くことができます。

　一様な膨張では特に中心となる点はありません。これはまた、どこを中心と考えても差し支えないということです。われわれを中心と考え、膨張が始まってからの時間を t とすれば、ある銀河までの距離 r は、その銀河の後退速度 v を使って

$$r = vt$$

と書けるはずです。これを上の式に代入し、v で約して変形すると

$$t = 1/H_0$$

の関係が得られます。結局、ハッブルの定数の逆数が膨張が始まってからの時間、つまり宇宙の年齢になるのです。

　しかし、ハッブルの定数は、通常 (km/s)/Mpc という、ちょっとわかりにくい単位で表わされているので、単に逆数にしただけでは訳のわからない数字が出てきます。1 Mpc $= 3.09\times10^{19}$ km、1 年 $= 3.16\times10^{7}$ 秒などの関係を使って式を書き直し、60 とか 70 という通常のハッブル定数の数字で H_0 を表わすことにすると、宇宙の年齢 t は

$$t\text{(億年)} = 9780/H_0$$

という関係で書くことができます。たとえば、ハッブル・キープロジェクトの結果の一つである H_0=71(km/s)/Mpc に対しては

t(億年) $= 9780/71 = 138$

で138億年という宇宙の年齢が求められます。ただし、この計算は、銀河の後退速度が一定であることを仮定した結論です。少しずつ後退速度が小さくなっていると考えれば、この数値は宇宙年齢の上限値になります。いずれにしても、ハッブルの定数がはっきりわかっていませんから、宇宙の年齢を確定することはできません。それでも、ハッブルの定数は50から100の間にあると信じられていますから、宇宙の年齢が100億年から200億年の間にあることはほぼ確実です。

そのほか、球状星団のHR図と星の進化理論を比較することから宇宙年齢を求める方法、星に含まれる放射性元素トリウムと安定元素ネオジウムの存在比を測定して求める方法などがあり、いずれからも170億年程度の年齢が得られています。

質問86. 暗黒物質とは何ですか

星の内部では水素の核反応によってエネルギーが創り出され、星は光を放っています。つまり星が光っていることは、そこに物質がある証拠です。しかし、物質がすべて光っているわけではありません。冷えてしまった白色わい星や褐色わい星、ブラックホール、星と星の間に広がる星間ガスなど、光をほとんど出さない物質は宇宙の中にたくさんあります。自分で光を出すことなく存在している物質、これが暗黒物質です。

では、暗黒物質の存在は、どうしてわかるのでしょうか。

物質には必ず質量があります。したがって、質量に関係する現象を観測すれば物質の存在は確認できます。太陽の質量は、太陽を周回する惑星の太陽からの距離と運動速度から推定できます。それと似たように、銀河の質量は、その銀河の星の銀河中心からの距離と運動速度から推測できます。渦巻銀河なら、星間の水素ガスが出す波長21センチの電波を観測して、銀河の回転速度を求めることからも銀河質量を算出できます。同様の考え方で、銀河団の中の銀河

の運動を調べることによって、銀河団の総質量の見当がつけられます。

　暗黒物質の存在を最初に指摘したのはツビッキーで、1933年のことでした。彼は相互に回転している銀河群の運動を観測し、銀河群が拡散しないための質量を見積ったところ、必要な質量は、光で見えている質量の10倍以上であることを発見したのです。ツビッキーはここから宇宙に暗黒物質が存在するという指摘をしました。しかし、その当時、彼の計算は非常識なものとみなされ、見えない物質が存在するという彼の主張は無視されました。

　アメリカの女性天文学者ルービンは1980年前後に銀河の回転速度を調べる観測をしていて、奇妙なことに気付きました。中心から離れても、銀河の回転速度が小さくならないことです。太陽を回る惑星の速度は、外側になるほど小さくなります。たとえば、地球の公転速度は約30 km/sですが、木星は13 km/s、海王星は5.4 km/sです。このように、銀河でも外側ほど回転速度が小さくなると思われたのですが、観測結果はそうではありません。

　これを説明する方法はただ一つ、銀河の光っている部分の外側に目には見えない大量の物質があり、その引力が影響していると考えることしかありません。観測結果を説明するのに必要な物質の量は、光っている銀河の質量の少なくとも10倍はあると計算されます。これが暗黒物質の存在を示す大きな証拠になりました。こうして存在が明らかになった暗黒物質は、ダークマターとか、ミッシングマスなどといわれることもあります。

　暗黒物質の存在量は、質問87で述べるように、宇宙の将来に大きく影響します。しかし、さきに述べたような白色わい星や星間ガスなどでは、光で見える物質の10倍以上にのぼる暗黒物質の量を説明しきれないともいわれ、他に暗黒物質となる候補の天体探しがおこなわれています。そして、マッチョと呼ばれる銀河ハロー内の天体はどうか、あるいはニュートリノに質量があるのではないかなど、いろいろの候補が挙げられています。しかし、暗黒物質の正体はまだよくわかっていないのが現状です。

質問87. 宇宙はどこまで膨張するのでしょうか

すでに述べたように、遠くにある銀河ほど速い速度でわれわれから遠去かっています。現在、宇宙の膨張を疑う天文学者はほとんどいません。この膨張はいつまでも、限りなく続くのでしょうか。

この問に対して、いまのところ確定的な答えを出すことはできません。ここでは、いまわかっている状況の概略だけを説明します。

たとえとして、地球からボールを垂直に投げ上げることを考えましょう。投げ上げたボールは落ちてきます。これは地球の重力がボールを引き戻すからです。しかし、投げ上げるボールの速さをだんだん大きくすると、それにしたがって落ちるまでの時間が長くなり、そして11.2 km/sの脱出速度を超すと、ボールは落ちてこなくなります。地球の重力では、もはやボールを引き戻すことができなくなったのです。

遠去かっていく銀河は、ちょうどこの投げ上げたボールのようなものです。宇宙全体の平均密度が大きく、宇宙に十分な質量があるとすれば、地球がボールを引き戻すように、遠去かっていく銀河はいつか停止し、引き戻されるはずです。その後宇宙全体は収縮に向かいます。このような場合、宇宙は閉じているといいます。

反対に、宇宙の平均密度が小さく、宇宙全体の質量が不十分である場合には、遠去かる銀河は再び戻ってくることなく、永遠に離れ続けます。この場合、宇宙は開いているといいます。

閉じた宇宙と開いた宇宙の境界となる宇宙の平均密度を、ここでは臨界密度ということにしましょう。現在の膨張速度から推定される臨界密度は、およそ10^{-20} kg/m³と計算されます。これは、地球の大きさの空間に対して約10ミリグラムの質量があることに相当します。ごくわずかの密度と思われるかもしれませんが、この密度でも、宇宙全体とすれば膨大な質量になるのです。そして、この臨界密度に対する現実の宇宙の平均密度の比をオメガと呼んでいます。ここから

オメガが1より大きければ、宇宙は閉じている。

オメガが1より小さければ、宇宙は開いている。

ことになります。また、オメガがちょうど1であるとき、宇宙は平らであるといいます。宇宙が将来どのようになるかは、このオメガの値によって決まります。しかし、現実の宇宙の密度がわかりませんから、このオメガの値も未確定です。

　恒星、銀河など、光を放射しているものだけの質量を考えると、オメガは0.01程度になります。しかし、見えない暗黒物質の量が少なくともその10倍はあると考えて、オメガは少なくとも0.1に達すると推測されています。これ以外にもまだまだ隠れた物質があると考えている人も多く、オメガは0.1と2の間にあると信じられています。質問91で述べるインフレーション理論では、オメガはぴったり1で、宇宙は平らであるとしています。いずれにしても、オメガの決定は今後の問題です。もし、オメガが1より小さければ、宇宙は永遠に膨張を続けて拡散し、どんどん冷却して、いつか恒星もすべて燃えつき、光を失った世界になると思われます。

【ビッグバン】

質問88.　ルメートルの宇宙論とはどんなものですか

　ルメートルはベルギーの人です。一般相対性理論の方程式を独自に解いて宇宙膨張の結論を得、その結果を1927年に報告、さらに1931年に、一つの原初の原子から宇宙が誕生したという新説を発表しました。それによると、宇宙は最初には一つの原初の原子であり、それがつぎつぎに爆発的に分裂した結果、今日の宇宙が生じたというのです。

　ここでいう原初の原子とは、いまわれわれが普通に考えている原子とは異なる概念です。宇宙規模の原初原子が分裂して銀河規模の原子になり、それがまた分裂して恒星規模の原子になるといったような形を考えていたようです。こ

の過程をたどって、最終的に生まれたものが、今日われわれのいう原子になります。この構想は単純な原子から宇宙の誕生を推定したもので、いってみれば、一種のビッグバンの主張であったといえるかもしれません。

しかし、その後、ルメートルが自説のもとにしていた物理的根拠はつぎつぎに否定され、やがて、ルメートルの宇宙論を信じる人はいなくなりました。

質問89. ビッグバン理論とはとはどういうものですか

遠い銀河ほど速い速度でわれわれから遠去かっていることが、ハッブルの法則で示されています。この事実を認めるなら、昔にさかのぼるほど、銀河間の距離は小さかったことになります。時間を逆にたどれば、銀河はしだいに近付き、それにつれて物質は過密な状態になり、温度はどんどん上昇します。やがて、銀河も恒星もなくなった高温の小さなプラズマ状態になり、最後には原子もバラバラにこわれた、超過密の素粒子の状態に行き着くことが推測されます。現実には、この逆の過程が進んでいまの宇宙が生じたと考えられます。

このような考え方を背景にして、ロシア生まれのアメリカ人であるガモフは、1946年に、非常に小さい高温、超高密度の状態のものが爆発する形で宇宙が誕生したとする理論を提唱しました。これがビッグバン理論の始まりです。

ガモフのこの考え方は、その後何回も小さい修正を繰り返しましたが、大略はつぎのようなものです。宇宙は最初非常に高温、超高密度の小さい火の玉のようなものであった。それが何かの原因で大爆発を起こして膨張を始めたと考えるのです。この宇宙は、膨張するにつれて次第に温度が下がり、密度も減少します。爆発後100秒くらい経つと、そこから重水素、ヘリウムなどの原子核が合成され、全体がプラズマ状態になります。このときは直径がおよそ1光年程度になっています。10万年ぐらい経って温度が1万度ぐらいに下がると、まずヘリウムの原子核に電子が結び付いてヘリウム原子が生まれ、プラズマ状態が終わります。20万年が経過し、温度が4000度くらいになった時点で水素原子が生まれます。この時代には電子による光の散乱がなくなって全体が透明

になってきます。こうして透明状態になることを「宇宙の晴れ上がり」と呼びます。その後に銀河の形成が始まり、10億年程度が経過したときに、銀河の形成が終わります。

　この過程で、ガモフは重大な予測をしています。膨張を続けた宇宙は温度がどんどん低下しながらも、現在もその影響が残っていて、それが絶対温度7度程度であろうという予測です。この温度は現実には3度でしたが、宇宙背景放射として1965年にアメリカのペンジャスとウィルソンにより発見されました。この発見により、ビッグバンの考え方はにわかに信頼性を増し、多くの人に支持されるようになったのです。反対論者はいるものの、ビッグバン理論は、現在宇宙創世の標準的理論と考えられています。

　このビッグバン理論は、あまりに極端な考え方であったためか、最初はそれを受け入れる人はあまり多くありませんでした。それに対抗して定常宇宙論を提唱していたのがイギリスのホイルたちです。ホイルたちは、宇宙の膨張は認めながらも、膨張で生ずる空間には絶えず新しい物質が生まれて、定常的な宇宙が維持されていると考えました。ガモフの理論に多分に冷やかしの気分を込めて「ビッグバン」と名付けたのはホイルです。ホイルたちは宇宙背景放射を別の考え方で説明しようとしましたが、結局成功せず、定常宇宙論はしだいにその力を失っていきました。

質問90.　宇宙背景放射とは何ですか

　宇宙がビッグバンで始まったとすると、膨張するのにつれて、初期には高温であった宇宙もしだいに温度が下がります。しかし、現在でもその温度が残っていて、はるか遠くからマイクロ波の電波の形でわれわれのところへ届いています。これが宇宙背景放射です。でも、これだけの説明では理解しにくいかもしれません。以下のやや詳しい説明に沿って考えてみて下さい。

　遠い銀河からの光は長い時間をかけてわれわれのところへ届きます。仮に30億光年離れた銀河があったとすると、そこからの光が到達するのに30億年

かかります。これは、いま見ているその銀河が、実は30億年前の姿であることを意味します。

　もっと遠い銀河では、もっと昔の姿を見ていることになります。遠ければ遠いほど、時間をさかのぼった姿を見ているのです。それでは、大望遠鏡で見ていけば、ついにはその果てに、ビッグバン直後の火の玉を見ることができるでしょうか。残念ながらそういう訳にはいきません。宇宙が透明になったのはビッグバン以後約20万年が経過し、宇宙が晴れ上がってから後のことです。それより前の姿は不透明ですから、見通すことができません。ですから、どんなに遠くまで見通すことができたとしても、そこには不透明の壁があるのです。言いかたを変えれば、われわれの周りは、宇宙膨張で後退しつつある不透明の壁で取り囲まれていることになります。

　宇宙が不透明の時代に、光などの電磁波は、その中の物質に吸収されたり、そこから放出されたりという過程を繰り返していて、全体として熱平衡にあったと推定されます。すると、晴れ上がり当時の物質は絶対温度がほぼ4000度の黒体と考えてよく、そこから4000度の黒体放射のスペクトルをもつ光が出ているはずです。黒体放射とは、波長に対してプランクの公式にしたがうエネルギー分布をもった電磁波の放射です。

　それでは、もし、その不透明の壁まで見通すことができれば、その温度は当時の約4000度なのでしょうか、そうではありません。この壁は後退しつつありますから、ドップラー効果によって、波長は長い方にずれて観測されるはずです。この後退は非常に高速ですから、ずれも大きく、始めの4000度の光は波長が電波の領域にまでずれこんで観測されます。こうして観測される電波がマイクロ波で、その波長分布が絶対温度3度のプランクの分布になっているのです。結局、われわれのところには、周囲のあらゆる方向から絶対温度3度のプランク分布をもった電磁波がやってくる。これが宇宙背景放射なのです。

　アメリカ、ベル研究所のペンジャスとウィルソンは、1964年に、マイクロ波アンテナのノイズ測定の実験で、予想よりはるかに強いノイズに悩まされました。このノイズはさまざまな努力をしても消えず、その強度は絶対温度3.5度の分布をしていました。当時の二人には、このノイズの原因が何であるかわ

かりませんでした。その後、プリンストン大学のディッケと連絡をとることができて、やっとこのノイズの正体が宇宙背景放射であることがわかったのです。この事実は1965年に発表され、宇宙背景放射の発見として有名になりました。

　宇宙背景放射の精密観測は、スペクトルの短波長部分が大気の吸収を受けるため、地上ではなかなかうまくいきません。そこで人工衛星からの観測が計画され、1989年に宇宙背景放射探査衛星コービー(COBE)が打ち上げられました。観測結果はすばらしいもので、得られた背景放射のスペクトル分布は、絶対温度2.73度の理論分布と寸分違わぬものでした。こうして、宇宙背景放射の存在が確かなものになったのです。

質問91.　インフレーション理論とはどういうものですか

　ある家で赤ちゃんが生まれたとします。喜んだおばあさんは、近所の家へ、隣り町の親類へと、歩いてそれを知らせに行くことにしました。このとき、おばあさんの歩く速さを仮に1時間4キロメートルだとします。すると、赤ちゃんが生まれてから1時間後にその知らせが伝えられるのは、赤ちゃんの家から4キロメートルの範囲に限られます。その時点で、4キロメートルより遠いところでは、赤ちゃんの誕生を知ることはできません。

　そんなのんびりしたことでなく、自動車に乗って知らせに行くとすれば、同じ1時間後でも、もっと遠いところでその情報を知ることができます。電話を使えば、さらに遠いところでも、赤ちゃんの誕生を喜んでもらえるでしょう。もっとも速く情報を伝えることができるものは光です。光を使えば、原理的には光が1時間で進む約10億キロメートルのところまで情報を伝えることが可能です。しかし、それよりも遠いところへは赤ちゃんの誕生を知らせることは絶対にできません。仮に15億キロメートル離れた土星上に人がいたとしても、1時間以内にそれを知らせることはどうしてもできないことがわかります。

　この議論を一般化すると、光速をcとして、1点で生じたある情報を時刻tの後に共有できる最大距離は、ctを半径とした球の直径である$2ct$になりま

す。それ以上離れたところで同じ情報をもつことはできません。

　つぎのたとえ話として、別々の蛇口から、お湯と水を一つのバケツに注ぎ入れた場合を考えてみましょう。お湯と水は混じりあって、やがて一様な温度になるでしょう。しかし、それには時間がかかります。水の温度を伝えるのも情報の伝達だからです。これは宇宙の中でも同様です。初めの宇宙がどこでも同じようにできたとは考えられません。いま述べた情報伝達の理論によると、ビッグバンの最初から t の時間が経ったとき、$2ct$ 以上離れた場所では同じ情報をもっているはずがありません。その場所が同じ温度になっていることは、偶然以外に起るはずはないのです。

　ビッグバンの 20 万年後に宇宙が晴れ上がったとしましょう。そうすると、上記の理論によって、40 万光年以上の大きさのところで温度が等しくなる理由はないのです。ところが、そのころの宇宙の大きさはざっと 5000 万光年の大きさと考えられています。そして、宇宙背景放射の観測は、このときの宇宙全体がほとんど一様の温度であったことを示しているのです。どうしてそういうことが可能だったのでしょうか。これは「宇宙の地平線問題」と呼ばれるビッグバン理論の一つの問題点でした。それだけにとどまらず、「宇宙の平坦化問題」や「磁気単極子問題」など、宇宙が一様に膨張すると考えていた当初のガモフのビッグバンの考え方では説明できない問題点がいくつもでてきて、ビッグバン説の成立に疑問が生じました。これを解決したのがインフレーション理論だったのです。

　インフレーション理論は、ビッグバンのごく初期のほんの短い間に、宇宙が極めて急激な膨張をしたという理論です。これは日本の佐藤勝彦とアメリカのグースが、1980 年頃にそれぞれほぼ独立に発表した理論で、これによって上記のいくつかの問題点が解消したのです。

　インフレーション理論を具体的に説明しましょう。宇宙はその誕生から 10^{-35} 秒経過するまでのごく短い期間は比較的ゆっくり膨張していました。この期間は、全体で情報を交換することが十分に可能であったと考えられ、宇宙全体の大きさは 10^{-30} センチメートルという程度のごく小さいものでした。それに続く 10^{-34} 秒ほどの時間でこの宇宙が急激に膨張し、ほぼ 1 センチメートルの大

きさになりました。これがインフレーションの膨張です。こう説明すると、「なんだ、たった1センチか、たいしたことないじゃないか」と思われるかもしれませんが、ここではその膨張の倍率を考えてください。10^{-30} センチメートルのものが1センチメートルに膨張するのは、パチンコの玉の大きさのものが直径1兆光年に膨れ上がるのと同じ割合なのです。このときの膨張の速さは光速を超えますが、これは空間が膨張しているだけで、相対論の原理に違反しているわけではありません。その後急激な膨張は止み、宇宙は現在につながる速度となって、いまなお膨張を続けているというのです。

いちいち理由は述べませんが、このインフレーション理論で、宇宙の地平線問題、宇宙の平坦化問題、磁気単極子問題などはすべて解決できると考えられています。現在ビッグバン理論は、はじめガモフが考えた単純な一様の膨張によるだけでなく、このインフレーション理論を含めた形で成り立つと考えられています。しかし、これでビッグバン説に関するすべての疑問が解決した訳ではありません。

質問92. 宇宙の大きさはどのくらいですか

相対性理論によると、物体は光速より速く運動することはできません。しかし、光速に近くなることは可能です。現実に、クェーサーなどでは、光速の95パーセントを超す速度に対応する赤方偏移が観測されています。ほとんど光速に近い速さで後退している天体もあると思われます。

ビッグバン以来光速で遠去かっていく天体があるとすれば、それがもっとも遠い天体になることは間違いありません。宇宙の年齢が t 年であるとすれば、このような天体は t 光年の距離にあることになり、これがもっとも大きい宇宙半径になります。宇宙の年齢がはっきり決まっていないので確定的な数字を挙げることはできませんが、仮に宇宙年齢が130億年なら、最大の宇宙半径は130億光年、また、宇宙年齢が150億年なら半径は150億光年で、これが大略の宇宙の大きさになります。

第五章　観測計画、観測装置

ハワイ、マウナケア山頂の国立天文台すばる望遠鏡ドーム（国立天文台）

【観測計画】

> 質問 93. ハッブル宇宙望遠鏡とはどのようなものですか

　ニュースなどでハッブル宇宙望遠鏡の名を聞いたことがあるでしょう。ハッブル宇宙望遠鏡が撮影した天体画像を見たことがある人もいるでしょう。ハッブル宇宙望遠鏡は口径2.4メートルの反射望遠鏡ですが、地上に設置されているのではなく、宇宙空間に打ち上げられている望遠鏡です。だからこそ宇宙望遠鏡というのです。地上からおよそ570キロメートルの上空にあり、約96分で地球を一周する軌道に乗っています。つまり、望遠鏡自体が人工衛星になっているのです。なお、ハッブル宇宙望遠鏡の名は、いうまでもなく、宇宙膨張を最初に発見した有名な天文学者ハッブルの名にちなんだものです。

　地上に設置された望遠鏡は、地球の大気層を通して天体を観測します。そのため大気の揺らぎによって像が乱れ、微細なところまで鮮明な像を得ることはできません。それなら、大気層の外側に出て、宇宙空間に望遠鏡を置いて観測をすればいい。このような考えに基づいて、アメリカ航空宇宙局(NASA)とヨーロッパ宇宙機構(ESA)が協同で計画、10年以上の歳月と15億ドルの費用をかけて建造したのが、ハッブル宇宙望遠鏡です。そして、天文学者の大きな期待を担って、1990年4月にスペースシャトル、ディスカバリー号から宇宙軌道に放出されました。

　しかし、得られた画像は期待したように鮮明なものではなく、さまざまな調整作業をしてもよい像にはなりません。主鏡のわずかな球面収差で、ハッブル宇宙望遠鏡がピンボケになってしまったのです。

　それでも、天文学者はこの障害に立ち向かいました。カメラに球面収差を補正する光学系を取り付ける計画を立て、1993年12月、ハッブル宇宙望遠鏡修理のためのスペースシャトル、エンデバー号が打ち上げられました。エンデバー号はハッブル宇宙望遠鏡に接近して望遠鏡をを貨物室に収納し、宇宙飛行士の35時間を超える船外活動で、補正光学系の取り付けなどの大規模な修理をお

こないました。これによって望遠鏡はよみがえりました。完全に修理されたハッブル宇宙望遠鏡は、地上の望遠鏡では決して得られない鮮明な素晴らしい天体の画像を、つぎつぎにわれわれに送ることができるようになりました。その後、スペースシャトルによる維持管理や修理が数回おこなわれましたが、概してハッブル宇宙望遠鏡は快調に観測を続け、さまざまな面から天文学研究に貢献しています。

質問 94. NGST とは何ですか

次世代宇宙望遠鏡(Next Generation Space Telescope)の英語の頭文字をとったものが NGST です。

2001 年現在、地球大気圏外ではハッブル宇宙望遠鏡が運用されています。この望遠鏡は一応順調に観測を続けてはいますが、すでにスペースシャトルによる数回のサービス・ミッションで修理や部品の交換がおこなわれています。一度はジャイロスコープの故障で観測が中断したこともありました。こうした状況から見ると、いつまでもハッブル宇宙望遠鏡だけに頼るわけにはいかず、後継機の宇宙望遠鏡を考える必要があります。こうして、ハッブル宇宙望遠鏡の後継機として検討されているのが NGST です。

後継機としては、当然ハッブル宇宙望遠鏡を上回る性能の望遠鏡が期待されます。いま考えられている NGST は、地上 150 万キロメートルにあるラグランジュ点(図 5.1)と呼ばれている位置、つまり地球、太陽を結ぶ直線上の平衡点に口径 8 メートル程度の望遠鏡を打ち上げるという構想です。これはもう地球を回る人工衛星ではなく、太陽を回る人工惑星のような形になります。この NGST は、アメリカの今後 10 年間に必要とされる天文観測装置の最上位にランクされ、NASA がヨーロッパ宇宙機構(ESA)やカナダと協力し、2009 年頃に打ち上げることが予定されています。費用にはおよそ 10 億ドルを見込んでいるということです。

しかし、口径 8 メートルともなると、一枚の反射鏡による望遠鏡を打ち上げ

ることは困難で、いくつかの部品を打ち上げ、上空で組み立てる必要が生じます。計画している高さでは、スペースシャトルによる組み立て、修理はできませんから、どのようにして望遠鏡を組み立て、管理をするか、問題がいくつもあります。まだ詳細が決まっているわけではありませんが、現実の打ち上げに先立って、3分の1の大きさである口径2.8メートルのテスト望遠鏡ネクサスの部品を打ち上げ、組み立ての試験をすることも考えられているようです。

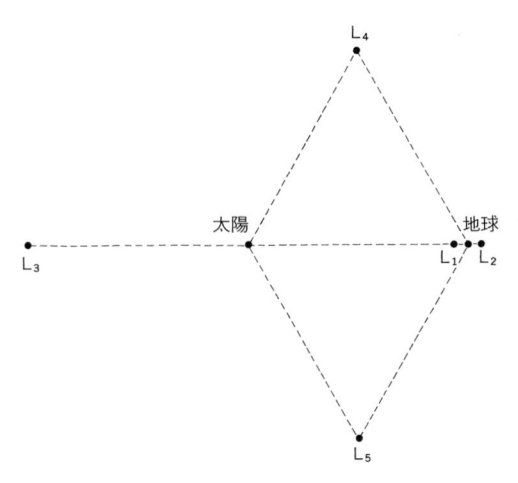

【図5.1】 ラグランジュ点：重力の平衡点がラグランジュ点で、地球・太陽系には北側から見て図のように L_1 から L_5 までの5点がある（地球から L_1 および L_2 までの距離は、実際はこの図に示したよりずっと近い）。NGSTは L_2 に打ち上げられる。

質問95. 「すばる」はどんな望遠鏡ですか

　国立天文台が、ハワイ島のマウナケア山の山頂、標高4139メートルの地点に建設した、有効口径8.2メートルの反射望遠鏡が「すばる」です。見かけの形は図5.2を見てください。「すばる」とはプレアデス星団の和名で、全国からの応募の中から、この望遠鏡の愛称として選ばれた呼び名です。
　すばる望遠鏡は、1980年代に計画され、1991年にその建設が開始されて、1999年初頭に初めて天体の光を入れるファーストライトを迎えました。その後1999年9月に盛大な完成式典が挙行されています。こうして完成したすば

る望遠鏡は、国立天文台が誇る世界最大級の反射望遠鏡の一つです。

「すばる」は、上記のように主鏡の有効口径が 8.2 メートル、焦点距離が 15 メートル、経緯台式の架台に載せられています。主鏡は熱膨張を最小にした特殊なガラスで作られていて、厚さ 20 センチメートル、重量 23 トン、コンピュータでコントロールされる 261 本の支持棒で支えられています。望遠鏡を傾けるときに生ずる鏡の歪みも、地球大気の揺らぎによって生ずる像の乱れも、この支持棒の長さを変えることによって最小に抑えることができます。

望遠鏡は、F2 で視野直径 30 分の主焦点、F12.2 で視野直径 6 分のカセグレン焦点、および F12.6 で可視光、赤外光によるナスミス焦点による観測が可能です。観測のためには、主焦点カメラ、波面補償光学装置、近赤外撮像分光装置、微光天体撮像分光装置、高分散分光器、その他多くの付属装置があります。望遠鏡の総重量は 555 トンで、高さ 44 メートル、直径 40 メートルの円柱形のドームに入っています。像の乱れを避けるために、望遠鏡の操作はすべてドームとは別室になった観測室からおこなわれます。

年間に 240 日の快晴があるといわれるこのマウナケア山頂で、これまでさまざまなテスト観測が実施され、木星、土星などの太陽系天体、こと座の環状星

【図 5.2】 すばる望遠鏡

雲、オリオン星雲などの銀河系天体、さらに系外銀河や重力レンズ現象を示す天体などの素晴らしい映像が得られています。このように、すばる望遠鏡はその性能を遺憾なく発揮しています。

質問 96.　VLTとはどんな望遠鏡ですか

　VLTとは、ヨーロッパ南天天文台(ESO)が、南米チリ、アントファガスタ市の南 140 キロメートル、標高 2632 メートルのセロ・パラナル山頂に建設した 4 基の口径 8.2 メートル反射望遠鏡の総称です。VLT は超大型望遠鏡(Very Large Telescope)の英語の頭文字をとったものです。1988 年にその建設が始められ、第 1 号機が 1998 年にファーストライトを迎えました。その後順調に建設が進み、2000 年 9 月に最後の第 4 号機が完成し、4 基の望遠鏡が揃いました。これらの望遠鏡には、厚さ 18 センチ、重さ 22 トンの比較的薄い鏡が使われ、150 本の支持機構で支えて波面補償光学により鏡面形状をコントロールするという、日本の「すばる望遠鏡」とよく似た構造になっています。また、特殊なドームによって乱流を防止するなど、さまざまな新技術を応用した、いわゆる新技術望遠鏡です。これらの望遠鏡には 1 号機から 4 号機まで順に、アントゥ、クェイエン、メリパル、イエプーンの愛称がつけられています。これは現地のマプチェ族が、それぞれ太陽、月、南十字星、宵の明星を意味する言葉だそうです。

　これら 4 基の望遠鏡は、すべて数 100 メートルの範囲内に位置しています。それぞれを独立の望遠鏡として使うこともできますし、一緒に同一の天体を見ることにすれば、実質的に口径 16 メートルの集光力の望遠鏡として使うこともできます。また、複数台を光干渉計として使えば、理論上 0.001 秒の分解能の観測をすることができます。しかし、干渉計として使うためには高度の技術が必要で、まだ実現していません。干渉計としてのテスト観測は 2001 年に予定されているということです。

　これらの望遠鏡は、北半球のハワイ、マウナケア山頂の望遠鏡群に相当し、

北半球からは見ることができない南半球の天体を観測するものとしても、重要な立場にあります。

質問97. 45メートル電波望遠鏡について教えてください

　口径45メートルの電波望遠鏡は、国立天文台が誇る世界でも第一級の電波望遠鏡で、長野県南佐久郡南牧村野辺山の、標高1350メートルの高原に設置されています。本格的な電波望遠鏡が使えなければ日本は電波天文学で大きく世界に遅れをとることになると、構想から設計まで関係者が約10年の歳月をかけ、1978年に建設を開始、1982年に完成したのが、この45メートル電波望遠鏡です。

　その中心はもちろん口径45メートルのパラボラアンテナで、アンテナ水平回転軸の中心までの高さが21メートル、パラボラアンテナを水平にしたとき最高部の高さが50メートルにもなり、その大きさで見学者を圧倒します。その他に口径10メートルのパラボラアンテナをもつ6基の電波望遠鏡を、東西560メートル、南北520メートルのレールに沿ってさまざまに配置し、全体を開口合成電波干渉計として利用して、天体の構造を高い分解能で探ることもできます。

　電波望遠鏡は回転放物面(パラボラ)のアンテナで入射した電波をその焦点に集めますが、反射面は光学望遠鏡のようなガラスではなく、鉄骨で支えて放物面に保ったカーボンファイバーのパネルです。ミリ波などの波長の短い電波を受信するためには、この反射面を高精度に保つことが必要不可欠ですが、45メートル電波望遠鏡はこの点で特に優れており、全面を0.2ミリメートルの精度に保っています。ドイツには口径100メートル、アメリカ、ウエストバージニア州グリーンバンクには口径110メートルの電波望遠鏡がある上に、固定鏡ですがプエルトリコには口径300メートルのものまであります。したがって口径の点で世界一ということはできませんが、その面精度の良さからいって、この45メートル電波望遠鏡は、ミリ波観測にかけては世界第一級の装置です。

ミリ波帯には、たくさんの星間分子がスペクトル線をもっていますから、この波長帯は星間分子の観測、星が生まれつつある原始星の観測など、さまざまな方面に役立ちます。すでに新しい星間分子として C_3O や C_6H などを発見する成果を挙げています。また、質問 98 で述べるスペース VLBI の基地局としても機能します。完成以来 20 年近く経過しましたが、45 メートル電波望遠鏡は、その能力も重要性も、少しも減ってはいません。

質問 98. スペース VLBI とは何ですか

スペース VLBI については、まず干渉計について、そして VLBI について順次に説明しなければなりません。まず干渉計の説明から始めましょう。

原理を理解するには光でもいいのですが、ここでは電波を考えましょう。遠くの天体から出た波長 λ の電波を距離 D だけ離れた二つの場所 A、B で受けることにします。A、B を結ぶ線と電波のやってくる方向とが図 5.3 のように $90°+\theta$ になるとすると、この場合 A への到達距離は $D\sin\theta$ だけ長くなります。

ここで A、B それぞれの受信出力を重ね合わせることにしましょう。このとき、$D\sin\theta$ が波長 λ の整数倍の $n\lambda$ であるときには、その出力は強め合います。それが半波長ずれた $(n+1/2)\lambda$ 倍であるときには打ち消し合います。こ

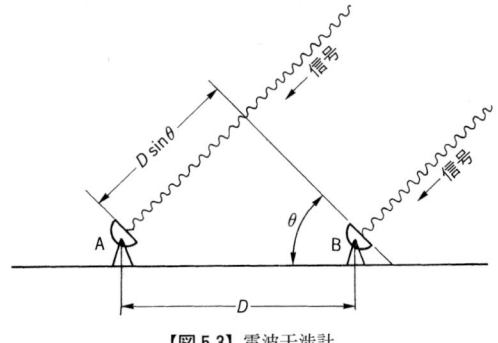

【図 5.3】電波干渉計

れが電波の干渉です。地球の自転でθはしだいに変わりますから、時間の流れに沿って、重ね合わせた出力は強くなったり弱くなったりして、いわゆる干渉縞をつくります。これが干渉計の原理です。

　アンテナが二つだけでは、天体の位置を決めたり、その構造を調べたりすることはできませんが、たくさんのアンテナを配列すれば、それぞれの組み合わせの干渉縞を解析することで、位置を求めることも、二次元の画像を描き出すことも可能になります。アンテナを移動し、地球自転を利用して干渉させる方式の干渉計を開口合成電波干渉計といいます。現実には、それぞれのアンテナで受信した電波の位相や振幅のデジタル記録を持ちより、コンピュータ上で干渉させることが広くおこなわれています。

　つぎに VLBI について説明します。

　光に比べると電波は波長が長いので、一つの電波望遠鏡では、あまり大きな分解能は得られません。波長λの電磁波を受けるもっとも遠い距離をDとすると、角度の分解能はおよそλ/D(ラジアン)で与えられます。波長 500 ナノメートルの光を口径 10 センチメートルの望遠鏡で見ると、その分解能は$(500\times 10^{-9}/0.1 = 5\times 10^{-6}$〜1 秒$)$と 1 秒程度に達しますが、波長 1 センチメートルの電波は口径 45 メートルの電波望遠鏡で観測したとしても、分解能は$(10^{-2}/45 = 2.2\times 10^{-4}$〜46 秒$)$と、46 秒にしかならないのです。

　ここから、分解能を高める(数値を小さくする)には、できるだけ干渉計のアンテナの距離を広げればよいことがわかるでしょう。この立場から、アンテナを大きく離し、非常に長い基線をもたせた干渉計を超長基線干渉計(Very Long Baseline Interferometer)といい、その頭文字を並べて、しばしば VLBI と呼んでいます。地球上では、すでに異なる大陸にまたがるネットワークの基線をもつ VLBI が実用化され、1 万分の 1 秒の分解能も得られています。

　しかし、どんなに努力しても、地球上では、地球直径以上の長さの基線を実現することはできません。そこで、思い切って、アンテナの一方を人工天体に載せて宇宙空間に打ち上げ、さらに長い基線の干渉計を実現しようというものがスペース VLBI です。日本では、宇宙科学研究所と国立天文台が協力し、1997 年に、人工衛星「はるか」の 8 メートルアンテナと、野辺山の 45 メート

ル電波望遠鏡の間で、スペース VLBI の実験に成功しています。

質問 99.　スローン・デジタルスカイサーベイとは何ですか

　アメリカの七つの研究機関と日本のグループが協同して推進している、組織的に、大規模に銀河を調査観測をする計画がスローン・デジタルスカイサーベイです。通常は SDSS と略称で呼ばれています。スローンは、資金援助をしているアメリカのスローン財団の名をとったものです。

　この計画では、まず、北の銀河極を中心とし、銀緯の大きい全天の 4 分の 1 の領域にある 23 等級までの銀河約 1 億個をすべて観測する「撮像サーベイ」をおこないます。この範囲の銀河を可視光の五つのバンドで撮影し、さらに赤方偏移の観測をおこなうのです。その結果に基づいて、19 等星までの銀河 100 万個とクェーサー 10 万個の「分光サーベイ」を実施します。この観測のため、アメリカ、ニューメキシコ州、サクラメント山のアパッチポイント天文台に、口径 2.5 メートル、視野直径 2.5 度の専用望遠鏡が建設されました。その望遠鏡に、世界最大の大型モザイク CCD カメラを装着して観測がおこなわれます。このカメラの CCD は、5 センチメートル角のものを 5 行 6 列に 30 個並べた、これまでにない大きさをもっています。SDSS は 1998 年 5 月に最初の画像が撮影され、2001 年現在、観測を続行中です。観測を終わるまでに約 5 年が予定されています。

　これまでに実施されたこの種の観測で最大のものは、1949 年から 1956 年にかけてのパロマー・スカイサーベイで、口径 1.26 メートルのシュミット・カメラによっておこなわれたものでした。SDSS はパロマー・スカイサーベイを一新する銀河の広域調査です。現在カタログに記載されている銀河は全部で約 7 万個で、そのうち赤方偏移が測定されているのは約 3 万個ですが、SDSS が終了すれば、これがそれぞれ 1 億個、100 万個に増えることになります。これまでに知られているクェーサーの数はほぼ 1 万個ですが、これも 10 万個に増えます。このサーベイは、宇宙の大規模構造を知る上で画期的な観測となるだ

けでなく、銀河進化研究の基礎になり、さらに、さまざまな珍しい天体の発見にもつながると思われます。

質問 100　CCD とはどんなものですか

　CCD は可視光の波長域に対する非常に効率のよい光の検出装置です。1960年代の終わり頃に発明され、その高性能なるが故に、またたく間に各種の光学装置に広く応用されるようになりました。この名は Charge-Coupled Device の頭文字を並べたもので、日本語なら「電荷結合素子」ということになります。

　CCD の本体は p 型のケイ素の半導体です。たくさんのピクセルを二次元格子状に配列した形式のものですが、一つのピクセルだけを取り出すと、図 5.4 のような構造で、ケイ素の半導体に二酸化ケイ素(SiO$_2$)の薄膜を隔てて電極を取り付けた形をしています。電極には、たとえば 10 ボルト程度の電圧をかけておきます。

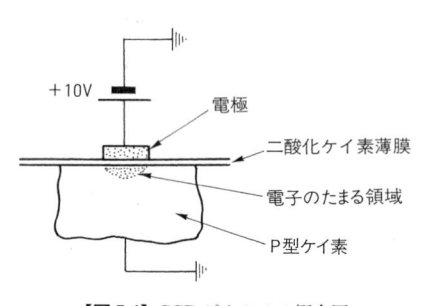

【図 5.4】CCD ピクセルの概念図

　この半導体に光が当たると、光電効果によって、その光量に応じた電子が光の当たった部分に生まれます。この電子は電圧によって電極のすぐ下に集まります。一つのピクセルは 15 マイクロメートル四方程度の大きさで、それが二次元の配列になっていますから、その光量に応じた数の電子がそれぞれの電極の下に生じ、光量の分布が電子数の分布に置き変わった形になります。

　こうしていったん生じた電子分布は、電極の電圧を巧みに変えることによっ

て、隣のピクセルへと順送りに送ることができます。そして、もっとも端のところの読み出し電極で、たとえば電流として、あるいはデジタル化した形で、電気信号として取り出すことができます。

CCD が実用的な感度をもつのは、400 から 1100 ナノメーターの波長範囲です。さまざまな原因で生ずるノイズを避けるため、液体窒素で冷やしたり、その他の方法で冷却したりして使う場合が一般的です。

以前、天体観測には広く写真乾板が使われていました。しかし、写真は光のエネルギーの一部しか利用できない、また、生ずる乾板の黒味と光量とが必ずしも比例しないといった欠点がありました。CCD はずっと高感度で、これらの欠点がなく、さらに写真よりはるかに広いダイナミックレンジをもち、天体観測には画期的な能力を示します。そのため、短い期間に、ほとんどの観測分野で写真にとって代わってしまいました。

CCD の欠点はその大きさにあります。写真乾板は数 10 センチメートル角のものを作ることができますが、CCD はせいぜい数センチメートル角です。そのため、広範囲の視野を観測するのには向かないといわれてきました。しかし、10000×10000 ピクセルの CCD が作られたり、また、スローン・デジタルスカイサーベイに使用されたように 5 センチメートル角のものをいくつも並べるなどの方法をとったりして、その欠点も克服されようとしています。

質問 101. VERA 計画とはどういうものですか

VERA とは天文広域精測望遠鏡(VLBI Exploration of Radio Astronomy) の英語の頭文字をとった呼び名で、ベラと読みます。VERA 計画は、日本国内の四ヶ所に設置した電波望遠鏡により、銀河系に存在するメーザー源の位置を三次元で精密に測定し、これまでにない超高精度で銀河系全域の天体の位置と運動を知ろうとする観測で、国立天文台が推進している、世界に例のないユニークな計画です。

VERA 計画では、口径 20 メートルの電波望遠鏡を、岩手県水沢市、鹿児島

県入来町、小笠原村父島、沖縄県石垣市にそれぞれ設置する予定で、2000年末にはその建設がかなり進行しています。これらの望遠鏡は、一酸化ケイ素や水の出す、それぞれ43ギガヘルツおよび22ギガヘルツのメーザー放射を観測して、そのメーザー源の位置を、角度の10万分の1秒の精度で求めます。これだけの精度を出すことができるのは、一つは1000キロメートルから2300キロメートルに及ぶ長い基線による電波干渉計としての観測で高い分解能が得られること、もう一つは、見かけ上メーザー源の近くにあって遠距離の固定座標とみなすことができるクェーサーを同時に観測し、その相対位置を求めて、大気のゆらぎによる影響を最小に押さえることができるためです。

　これらは電波望遠鏡ですから、通常の恒星の位置を観測することはできません。観測できるのは、上記の一酸化ケイ素や水の出すメーザーの電波だけです。観測できるメーザー源の主要なものには、ミラ型変光星といわれる赤色巨星や、現在星の形成が進みつつある領域などがあり、銀河系全体に約1000個が分布しています。VERA計画ではこれらのすべてを約10年で観測して、その年周視差や固有運動を測定する予定です。ここから、銀河系全体の三次元的構造が求められ、また、固有運動の観測結果から銀河系の回転状況が明らかになります。

　ヒッパルコス衛星によって、たくさんの星の位置や年周視差が、約0.001秒の精度で得られました。しかし、この観測で距離がわかった星は、銀河系全体から見ると太陽系のごく近傍だけであって、銀河系全体の構造や運動を見るのにはまだまだ不十分です。このためにはどうしても10万分の1秒の観測精度が必要であり、その線に沿ってアメリカやヨーロッパは光干渉計を搭載した人工衛星を打ち上げる計画を進めているのです。これに対し、日本で推進しているのがこのVERA計画です。これらの観測が補い合って、21世紀の初めのうちに、銀河系の構造や運動についての知見は飛躍的に増大すると思われます。

　つけ加えますが、VERAの望遠鏡は8.2ギガヘルツの観測も可能ですから、測地的に干渉計を利用することで、地球回転の精密測定、日本全体の地殻変動の観測等にもその力を発揮することができます。

質問102. LMSA 計画とはどういうものですか

　LMSA はラムサと読み、大型ミリ波サブミリ波干渉計(Large Millimeter and Submillmeter Array)の英語の頭文字をとったものです。宇宙空間から到来する電波の中で、特に数ミリからその 10 分の 1 程度の波長をもつ電波を観測する一群の電波望遠鏡の配列を意味します。

　LMSA 計画は、日本の国立天文台と電波天文学研究者グループが進めていた計画でした。この計画では、口径 10 メートル級の電波望遠鏡 50 台を基線長 10 キロメートルの範囲に展開し、これによって、角度で 0.1 秒から 0.01 秒という電波としては驚異的な解像力で各種天体を観測することを目標にしたものでした。

　このように LMSA 計画は日本で構想されたものですが、似たような計画として、アメリカでは国立電波天文台(NRAO)によるミリ波干渉計計画 MMA があり、またヨーロッパ南天天文台(ESO)は大型南天干渉計計画 LSA を進めていました。しかし、それぞれが別個にこのような計画を進めるのでは無駄が多いということから国際協力が検討され、結局日米欧が協力し、計画を統合して推進することになりました。電波干渉計の建設予定地としては、南米チリ北部にある標高 5000 メートル近いアタカマ砂漠付近が候補に挙がっています。この地域は乾燥してサブミリ波の透過率がよく、平坦な土地が広がり、アクセスも良く、建設適地と見込まれています。そこで LMSA 計画は国際大型干渉計計画(アルマ)(Atacama Large Millimeter/Submillimeter Array;ALMA)として練り直し、口径 12 メートルのパラボラアンテナ 96 基を 10 キロメートルの範囲に展開するという形で進めることになったのです。今後計画が順調に進めば、2001 年に建設を開始し、2008 年頃に運用を始めることが予定されています。

　サブミリ波の帯域は、星間ダストからの熱放射と宇宙背景放射との間にはさまれた、遠い銀河を観測できる窓に相当し、形成初期の銀河を観測するため非常に重要な波長域です。また、星や惑星ができるときに生ずる分子スペクトル

もサブミリ波帯に多く、星や惑星系誕生の過程を探るのにも、この波長による観測を欠かすことはできません。この波長域観測の重要性はこれだけに止まりません。さまざまな星間物質を通しての新しい宇宙像を得るために、この計画の実現が多くの天文学者によって期待されているのです。

【観測装置】

質問103. 赤外線はどのようにして観測するのですか

　赤外線とは、可視光線より波長の長い、およそ0.8マイクロメートルから1ミリメートルの波長範囲の電磁波をいいます。天体が放射する赤外線を観測するのが赤外天文観測ですが、赤外線は地球大気に含まれている水、二酸化炭素、メタンなどによって大きく吸収されてしまうため、地上で観測できるのは、1から30マイクロメートル範囲のところどころに開いていてその吸収が小さい、いわゆる「大気の窓」といわれる範囲に限られます。それ以外の波長範囲は、人工衛星などによって、大気圏の外側で観測しなければなりません。

　赤外線の中でも、波長の特に短い1.1マイクロメートルくらいまでの写真赤外域は、特殊な乳剤を塗った赤外乾板で写真と同様に撮影できます。それ以上の波長域に対しては、さまざまな赤外線検出器を使わなければなりません。赤外線検出器には、大別して、熱型検出器と量子型検出器とがあります。

　熱型検出器は、入射した赤外線のエネルギーで生じた温度上昇を何らかの形で検出するもので、たとえば熱電対がその一例です。温度差があるとき結晶に現われる起電力を検出する焦電検知器もその例で、惑星探査に使われたこともあります。熱型検出器は検出波長に大きな制約はありませんが、天文観測には一般に感度が不十分です。しかしその中で、ゲルマニウムに微量のガリウムを添加した半導体は、極低温では抵抗の温度係数が大きく、この性質を利用したボロメーターが赤外線天文学でかなり利用されました。これを使用するときは、液体ヘリウムによって絶対温度2度程度に冷却することが必要です。

量子型検出器は、たとえば硫化鉛(PbS)を利用したものがその一例です。波長3.5マイクロメートル以下の赤外線が当たると、その抵抗が変化する性質を利用しています。赤外線の量に比例して起電力を生ずるp-n接合の半導体素子のシリコン・ダイオードやインジウムアンチモン(InSb)も検出器として利用されます。この型の検出器は検出波長に上限があり、すべての波長を観測できるわけではありません。現実の観測では、望遠鏡の焦点面にこれらの検出器を並べて、その場所場所の赤外線強度を測る形式になります。

赤外線は、あらゆる物体から、その温度に応じて放射されます。高温の物体は、より波長が短くエネルギーの大きい電磁波を放出しますから、赤外線でなくても観測は可能です。したがって、主として赤外線しか出していない比較的低温の物質、すなわち、星間塵、星の周囲のダスト円盤、原始星などを観測する手段として赤外線は有効です。1983年に打ち上げられた赤外天文観測衛星アイラスは大きな成果を得て、赤外天文学を推し進める契機をつくりました。

質問104. X線はどのようにして観測するのですか

X線とは、紫外線よりも波長の短い、およそ10ピコメートルから10ナノメートルの波長範囲の電磁波をいいます。そして、天体が放射するX線を調べてその天体の性質を追求するのがX線天文学です。しかし、X線は地球大気で完全に吸収されてしまうため、地上では天体のX線を観測することはできません。天体のX線を観測するには、どうしても、ロケット、人工衛星などを使って、大気圏外で観測することが必要です。

X線はどうすれば観測できるのでしょうか。医学でX線写真を撮るように、X線フィルムを使えばいいと思われるかもしれません。でも、この方法は現実には役に立ちません。宇宙のX線は、フィルムで検出するには弱すぎるため、はるかに高感度の検出器を必要とするのです。X線天文学では、たった1個のX線光子でも検出したいのです。

もっとも簡単なX線検出装置はガスカウンターです。ガスにX線が入射す

ると、光電効果によりガスからX線のエネルギーに応じた電子がたたき出されますから、この電子を検出するのです。ガスカウンターの代表的なものは比例計数管です。その構造を簡単にいうと、不活性ガスなどを封入した管の中に、高電圧をかけたステンレスの芯線を一本張っただけのものです。ここにX線が入射して電子がたたき出されると、電子はプラスの電気に引かれて芯線に近付きます。その途中の衝突で他のガス分子を電離しますから、これらの二次電子を加えて電子数は大きく増加します。こうして生じた電子群の量を電子回路で計測するのが比例計数管です。

　このガスの代わりに半導体を使ったものが半導体検出器です。これは、X線によって半導体中に生じた電子をそのまま電気信号に変えて計測するものです。半導体検出器は比例計数管のように衝突による二次電子ができませんから、比較的に信号が弱い欠点があります。そこで、ノイズの影響を小さくするため、絶対温度70度(液体窒素の温度)に冷却して使用することが必要になります。しかし、X線のエネルギーの大きさを測定する能力は大変に優れ、あとで述べるX線望遠鏡の焦点面に置いても使用されます。半導体検出器の一種の電荷結合素子(CCD)でもX線検出が可能で、高性能で実用化されています。

　X線は波長が非常に短いため、光のような反射をせず、反射望遠鏡のような形で集光することができません。しかし、まったく反射をしないわけではなく、金属面に対して1度か2度という小さい角で入射すれば反射をします。そこで、図5.5のような回転放物面を使えば、反射したX線は焦点を結びます。

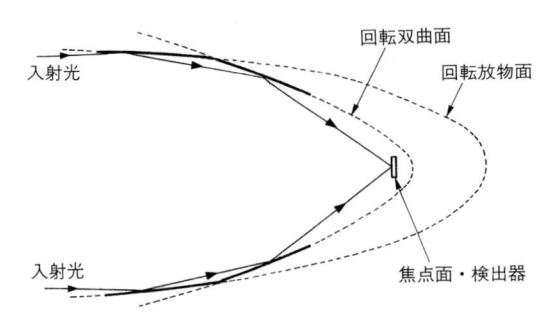

【図 5.5】 X線望遠鏡の原理

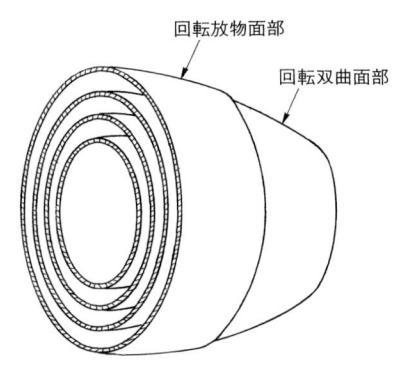

【図 5.6】 反射面の重ね合わせ

しかし、1枚の反射面では入射X線のごく一部しか利用できません。そこで共焦点の回転放物面を図5.6のようにたくさん重ねることにすれば、ほとんどの入射X線に対して焦点面に像を結ばせることができます。実際には収差を避けるため、図に示すように回転双曲面とつなげて使います。これがX線反射望遠鏡の原理です。この焦点面にX線検出器を置けば、X線の像が得られます。1999年にスペースシャトルから放出されたX線観測衛星「チャンドラ」は、このX線反射望遠鏡を搭載しています。

1962年にアメリカのロッシはロケットでX線検出器を打ち上げ、予想もしなかった強力なX線源の「さそり座X-1」を発見しました。それ以来、X線天文学は急激な発展を続けています。

X線は、可視光に比べて数1000倍も高いエネルギーをもっていて、宇宙では非常にエネルギーの高い現象である高温のプラズマなどから放射されます。その具体的な例を挙げれば、超新星残骸、パルサー、X線新星、ブラックホール、活動銀河核など、すべてが激しい活動をしている天体です。可視光で見ると比較的静穏な宇宙も、X線を通して見ると、激しく変化する活動的な姿が見えてくるのです。その観測を実現しようとしているのがX線天文学です。

これらの現象を観測するため、1967年にX線観測衛星「ウフル」が初めて打ち上げられ、その後たくさんのX線観測衛星が打ち上げられました。X線反射望遠鏡を初めて搭載したのは、1979年の衛星「アインシュタイン」です。

日本では1979年に日本最初のX線衛星「はくちょう」を打ち上げ、その後「てんま」、「ぎんが」、「あすか」と引き続いてX線観測衛星を打ち上げていました。しかし、2000年2月に期待を込めた「アストロ-E」の打ち上げに失敗、2000年末現在の日本はX線観測の谷間に落ち込んでいます。一方、アメリカは前記の「チャンドラ」により、また、ヨーロッパ宇宙機構(ESA)は1999年12月に打ち上げた「XMM」によって、X線観測を継続中です。

質問105. ガンマ線はどのようにして観測するのですか

　ガンマ線は波長がX線より短い電磁波で、およそ10ピコメートル以下の波長のものをいいます。パルサー、超新星残骸、活動銀河、ガンマ線バーストなどからガンマ線放射のあることが観測されています。しかし、ガンマ線は地球の大気を通過しませんから、人工衛星などによって、どうしても地球大気外で観測する必要があります。

　ガンマ線、X線など、エネルギーの高い電磁波は、共通して検出されることが多く、そのエネルギー差から両者を区別するのが一般的です。

　ガンマ線の検出によく利用されるのはシンチレーション計数管です。これは微量のタリウムを含んだヨウ化ナトリウム(NaI)の結晶、微量のナトリウムやタリウムを含んだヨウ化セシウム(CsI)の結晶を使います。ここにガンマ線が入射するとシンチレーション光を発するので、その光を光電子増倍管などで検出するのです。X線とガンマ線は光の強さで区別します。

　この検出装置は、その他高エネルギーの荷電粒子によっても光を出しますから、荷電粒子だけで発光するプラスチック・シンチレーターで囲んでおき、プラスチック・シンチレーターと同時に発光したものは判定から除外することが必要になります。そのほか、ガンマ線の到来方向を決められるスパーク・チェンバーや、ガンマ線を冷却した固体のゲルマニウムに入射させ、入射によって生じた電子量をプラスの電極に引き付けて測定する、固体の比例計数管もあります。

初期のガンマ線検出器は、ガンマ線の到来方向を求めるための角分解能が不十分であり、ガンマ線放射天体の精密な位置決定が困難でした。その後しだいに位置決定の精度が高められ、1996年に打ち上げられたガンマ線観測衛星ベッポ・サックスは、その位置決定精度の高さによって、ガンマ線バースト天体を突き止めるのに大きく貢献しました。

宇宙の基礎教室　索引 （用語集を兼ねて）

【あ行】

アインシュタイン・リング　133
　：視線上に二星が重なったとき、近い星の重力によって遠い星の光が曲げられ、遠い星が近い星の周りにリング状に見える現象。
アソシエーション　99
　：同じ分子雲から生まれた数10個から数100個の星が、直径数100光年ほどの範囲に集まった集団。
暗黒星雲　87，95
暗黒ハロー部　106，107，113
　：銀河系において、円盤部、偏平楕円体部を覆っている最外層の見えない部分。
暗黒物質　145

Ⅰ型の超新星［爆発］　34，43，57，58
　：星の大爆発の一種。一方が白色わい星の連星の場合に起こる。一方の星が膨張し、そのガスがロッシュ・ロープを超えて白色わい星に流れ込む。このとき白色わい星の質量が一定値を超えると、重力を支えきれなくなり、押し潰されて発熱し、核反応が暴走して星全体を吹き飛ばす。
インフレーション理論　152，153
　：ビッグバンのごく初期の、ほんの短い間に、宇宙がきわめて急激な膨張をしたとする説。

ウォール＝壁　135
　：壁を造るように、いくつもの銀河が並び連なっている構造。
渦巻銀河　120，121
宇宙の泡構造　136
　：銀河がいくつもつながるように並び、洗剤の泡の表面に沿うような形に分布している構造。
宇宙の大きさ　154
宇宙の年齢　144
宇宙の晴れ上がり　150
　：ビッグバンから約20万年が経ち、原始宇宙の温度が約4000度になると水素原子が誕生する。この時点で電子による光の散乱がなくなって、宇宙全体が透明になること。
宇宙の膨張（どうしてわかったのか）　141
　────（どこまでひろがるのか）　147
宇宙背景放射　150
　：周囲のあらゆる方向からわれわれのところへ到達する、絶対温度3度のプランク分布をもった電磁波。

HⅡ領域　90，95
　：近くにある励起星によって、水素原子がほとんど電離している状態にある領域。電離した水素イオンをHⅡと呼ぶ習慣からこのようにいう。

H・R図　21
X　線　171
X線新星　54
X線バースター　55
　：変化の激しいX線星。X線の放射強度が数秒の間に10倍ほどに激増し、その後10秒ほどでもとの強度に戻る天体。
エッジワース・カイパーベルト天体＝海王星以遠天体　80
　：海王星より遠くに発見された、一群の太陽系小天体。
円盤部　106, 107
　：銀河系において、種族Ⅰの恒星、散開星団、星間ガスが渦巻き状に分布し、銀河中心の周りを高速で回転している部分。

Oアソシエーション　99
大型宇宙素粒子観測装置＝スーパーカミオカンデ　64
大型ミリ波サブミリ波干渉計＝LMSA　169
OBアソシエーション　99
　：O型星、B型星が集まっているアソシエーション。
オメガ　147, 148
　：宇宙の臨界密度に対する現実の宇宙の平均密度の比。
　　　　オメガ＞１；宇宙は閉じている。　１＞オメガ；宇宙は開いている。
オールト定数　110

【か行】
海王星以遠天体　81
回転星　47
　：変光星の一種。強い磁場のために表面の光度を一様に保つことのできない星、潮汐力で形が楕円体になっている星などが、回転することで変光してみえる天体。
ガスカウンター　172
褐色わい星　43, 80
　：質量が太陽の8～13パーセント程度の星。重水素の反応で一時期多少の光を放つものの、質量不足のため水素燃焼を起こすに至らず、そのまま冷えていく天体。
活動銀河　124
　：中心核の活動が活発で、異常に大きなエネルギーを生み出している銀河。
カッパ・メカニズム　50
　：恒星の自由振動を減衰させない仕組み。星の表層ガスの下方に，完全には電離していない水素やヘリウムの層があって，それらの層が，星の収縮時の発熱を電離のために消費し，膨張時には再結合による熱を放出するという、通常とは逆の働きをする。その結果、星の脈動を強める方向に作用する。
カミオカンデ　63, 65
　：岐阜県の神岡鉱山に建設された素粒子検出装置。1987年2月の超新星SN1987A爆発で放出されたニュートリノを観測し、ニュートリノ天文学への道を開いた。

索　引　179

ガンマ線　　131，174
ガンマ線バースト［天体］＝ガンマ線バースター　　131，132
　：天球上の一点から、数秒から数10秒にわたって、突然に観測される強いガンマ線放射、もしくはその放射をする天体。

輝　線　　19
　：高温のガスの光源で、ガスに含まれる原子が、スペクトル上の特定の波長のところに創る輝度を増した線。
吸収線　　18，19
　：低温ガス中を通過した光が、ガス電子を励起し、その波長に相当するエネルギーを失なったため、連続スペクトルの特定の波長のところに生じる、輝度を減じた暗い線。
球状星団（どんなものか）　　97，98
　：直径が100光年から1000光年の球状の範囲に、1万から100万個に達する星がギッシリ詰まった星の集団。
　────（分布と太陽系の位置）　　104，105
京都モデル　　71
　：太陽系の生成を説明した、京都大学グループのシナリオ。
局部銀河群　　122
　：われわれの銀河系が属している小さい銀河の集団。
銀　河（どういうものか）　　119
　────（どんな形があるのか）　　120
銀河群　　134
　：数個から数10個程度の銀河の集団。
銀河系（形、構造図）　　106
　────（なぜ平たい円盤型なのか）　　108
　────（なぜ渦巻腕でいられるのか）　　111
銀河系の質量　　112
銀河団　　134
　：数10個以上からなる銀河の集団。
近接連星　　8，38，**42**，62
　：非常に接近した距離で回り合っている連星。一方の星が，相手の星の進化に影響を与えることもある。

クェーサー　　130
　：非常に遠方にあって、異状に明るい（全光度は太陽の10^{12}倍から10^{15}倍）見かけは恒星状の天体。

系外銀河　　119，126
系外惑星（どういうものか）　　81
　────（探査）　　83
激変星　　47
ケプラーの新星　　58

原始太陽　　71，72
　：太陽誕生の過程で、星間ガスが収縮してから主系列星になるまでの状態。初め中心部にできた芯が、さらに落下してくるガスとの衝突で衝撃波を生じる。その衝撃波がガスの表層に近付くようになると、表面が輝き始める。その後力学的に安定し、主系列に近付いていく。

原始惑星系円盤　　72
　：太陽系の創成期に、角運動量が大きいため、回転の遠心力によって収縮ができず、降着円盤として原始太陽の周りを公転している星間ガス。この中から惑星が誕生する。

恒星スペクトル　　15，16，19

高精度視差観測衛星＝ヒッパルコス衛星　　12
　：星の年周視差、固有運動などを観測するためヨーロッパ宇宙機構が開発し、打上げた人工衛星。

恒星風　　31
　：星の周辺から絶えず吹き出しているプラズマの流れ。

後退速度　　141，142
　：天体が遠去かっていく速度。銀河の場合、後退速度は大略銀河の距離に比例する。

降着円盤　　61
　：重力により中心に向かう力と、回転による遠心力とが釣り合い、中心に落ち込むことができなくなったガスが、中心の周りに分布し、回転して作る円盤状の構造。

公転速度（太陽の）　　109

光電素子　　4
　：光が当たると、光の強さに応じて電流を生ずる素子。

光　年　　11

国際大型干渉計画＝ALMA　　169
　：サブミリ波帯域を精測するため、日・米・欧が協力し、推進している大型電波干渉計群の建設計画。

黒　体　　16
　：入射する光線を、完全に吸収する（反射はゼロ）物体。完全な電磁波放射体でもある。放射に関する理論上考えられた理想的な物体。

黒体放射　　16，26

コービー＝宇宙背景放射探査衛星　　152

コロナ型恒星風　　31
　：高温のガス圧によって生ずる恒星風。

【さ行】

再結合　　89
　：電離したイオンが、電子と結合して再び原子になること。

散開星団　　96
　：半径数光年から数10光年の範囲に集まっている、数100から数1000個の星の集団。

散光星雲　　89
　：濃密な分子雲の中で誕生したばかりの高温の星が短波長の光を放射し、その光を受けた周囲の分子雲が、光電離・再結合を繰り返すことで発光している領域。

索　引　181

三重星　　6

ジ　オ＝GEO　　68
：ドイツ、イタリアが協同で建設している重力波検出用の600メートル干渉計。
ジオイド　　38
磁気双極子放射　　59
：磁気双極子、つまりN極とS極のある棒磁石のような磁場が、その磁場の向きとは異なる軸の周りに回転する場合を考える。このとき電磁誘導によって、回転周期と同じ周期で振動する電場も生み出される。このとき回転速度が光速より大きくなる半径のところでは、この電磁場の振動が電磁波となって外向きに放射される。こうして電磁波が放射される機構が、磁気双極子放射である。
次世代宇宙望遠鏡＝NGST　　158
：ハッブル宇宙望遠鏡の後継機。口径8メートル程度の望遠鏡を、地上150万キロメートルのラグランジュ点に打ち上げる構想。
視線速度　　19
実視等級　　4
実視連星　　7
：相互に回り合っている運動を、望遠鏡で確認できる連星。
質量交換　　43
：近接連星のうち、質量の大きい方のA星が先に膨張することにより、A星をとりまくロッシュ・ロープから溢れ出た質量が、B星に降着するとB星が大きくなる。しばらくすると、こんどはB星の進化が早まって膨張を始め、前記の逆の過程をたどって、B星の質量がA星に流れ込む。こうして二星の間で質量がやりとりされるプロセス。
質量光度関係　　28，29
シャプレイの銀河系（模式図）　　105
周期光度関係　　50
重　星　　5
重力赤方偏移　　32，**34**
：強い重力場から出てきた光の振動数が減少し、波長が延び、光がスペクトル上で赤方に偏移する現象。
重力波（どのようなものか）　　65
：重力場の変化が、波動として周囲に伝わっていく現象。
──（検出）　　67
──（観測で何がわかるのか）　　69
重力レンズ［現象］　　133
：重力によって光の進路が曲げられるため、実際と異なる像が見える現象。
縮　退　　33
：粒子が高密度に詰め込まれ、エネルギーの低い準位から埋められていく量子力学的現象。白色わい星では電子が縮退して、その縮退圧で星を支えている。同様に中性子星では、中性子の縮退圧が星を支えている。

主系列［星］　　21, 22, 23, 29, 30,
主系列合わせ法　　102
　：散開星団までの距離を求める方法。絶対等級（M）でプロットしたヒアデス星団のH・R図に、実視等級（m）で散開星団のH・R図を重ねてプロットし、その上下のずれに相当する$m-M$を求めて、その星団までの距離に換算する。
主　星　　7
種族Ⅰの星　　44, 97, 106, 109
　：比較的高温の主系列星や散開星団を構成する星の種族。重元素の割合が高い。第二世代の星。
種族Ⅱの星　　44, 99, 106, 109
　：渦巻銀河の中心部を取り囲む球状の部分、楕円銀河、球状星団を構成する星の種族。水素とヘリウムを主要成分とし、重元素をほとんど含まない。第一世代の星。
シュワルツシルド半径　　60
　：その星からの脱出速度が光速と一致するときの星の半径。星の質量を変えずに押し縮めていくと、ついにはその半径に達する。
準恒星状天体＝クェーサー　　131
準星＝クェーサー　　131
食変光星　　8, 47
食連星　　8
シンクロトロン放射　　126
　：磁場の中を、電子が光速に近い速度で回転するときに電磁波を放射する機構。
新　星　　52
シンチレーション計数管　　174

水素イオン　　89
水素燃焼　　29, 36
　：高温、高密度の状態下に水素の4原子核が融合してヘリウム原子核になる反応。恒星がエネルギーを創り出す核反応の中で、もっとも中心的な役割を果たしいる。
スーパーカミオカンデ　　64
　：宇宙から飛来するニュートリノの観測および水に含まれる陽子が崩壊する現象を探索する目的で、岐阜県の神岡鉱山跡に建設された大型宇宙素粒子観測装置。
すばる望遠鏡　　159
　：有効口径8.2メートル、ハワイ島マウナケア山頂4139メートルの地点に建設した国立天文台が誇る世界最大級の反射望遠鏡。
スペースVLBI　　163
　：一方のアンテナを宇宙空間に打ち上げ、地球直径以上の長さの基線で観測をする電波干渉計。
スペクトル　　15, 17, 18
スペクトル型　　15, 17
スローン・デジタルスカイサーベイ　　165
　：日・米協同で推進している、銀河の大規模な調査観測計画。

索　引　183

星間ガス　　114
　：星と星の間に広がる空間を埋める希薄ガス。1立方センチメートルにほぼ1個程度の粒子を含む。粒子の9割が水素原子、1割がヘリウム原子その他からなる。
星間物質　　114
　：銀河面に沿って存在する希薄な星間ガス、ダストの類。
星団　96
　──（距離の決定）　100
セイフアート銀河　　124
　：中心に明るい中心核をもち、強く、幅の広い輝線を出している活動銀河の一種。
赤外線　170
赤色巨星　　21, **30**, 32, 33, 40, 42, 48
　：見かけが赤く、半径の大きい星。主系列星の水素がしだいに減少し、ヘリウムが多くなると、星の中心部の温度が上がり、膨張して赤色巨星になる。
赤方偏移　　129, 141, 142
　：視線方向に移動している天体のスペクトル線は、ドップラー偏移によって波長がずれる。天体が遠去かりつつあるときは波長の長い方、可視光線の色でいえば赤い方にずれるので、この現象を赤方偏移という。
赤方偏移 z　　129
　：波長 λ_0 のスペクトル線が、赤方偏移によって波長 λ のところに観測されたとき、$\lambda/\lambda_0 = 1+z$ の関係から定まる数値 z のこと。z が大きいほどその天体は高速で遠去かっている。
絶対等級　　13
線スペクトル　　15, 17

素粒子検出装置　　63

【た行】

第一世代の星　　44, 45
　：宇宙が誕生し、最初に生まれたまま、現在まで存在している星（種族IIの星）。
第二世代の星　　45
　：第一世代の星のうち、進化が速い星は、核反応によってつぎつぎに重元素を創り出し、最後に超新星爆発を起こして一生を終える。そのとき放出された重元素を多く含むガスが、再び凝縮して新たに生まれた星（種族Iの星）。
太陽系（の生成、京都モデル）　　71
　──（の運動）　77
太陽向点（たいようこうてん）　　79
　：銀河系内を太陽が移動していく方向。太陽周辺の星々の平均状態を基準にした座標系に対して定める。現在の太陽向点は赤経18時04分、赤緯＋29度の方向で、太陽は毎秒19.5キロメートルの速度で移動している。
太陽の公転速度　　109
太陽の終焉　　74
太陽風　　31

楕円銀河　　119, 120
ダークマター＝暗黒物質　　146
脱出速度　　60
ダスト　　114
タリー・フィッシャー法　　128
　：水素原子の出す波長21センチの電波を観測して銀河の回転速度を測り、渦巻銀河の距離を決定する方法。

地球型惑星　　79
チャンドラセカールの限界　　33
　：高密度の星において、電子の縮退圧で支えきれる質量の限界。太陽質量の約1.4倍。
中性子星　　41, 58
　：中性子を主要な構成物質としている星。半径が10キロメートル程度であるのに太陽と同程度の質量をもち、密度は5億トン／立方センチメートルに達する。
超大型望遠鏡＝VLT　　161
　：ESOが、南米チリのセロ・パラナル山の山頂2632メートルに建設した口径8.2メートル反射望遠鏡四基の総称。
超長基線干渉計＝VLBI　　164
　：分解能を高めるためアンテナ間の距離を大きくとった、非常に長い基線の電波干渉計。
超銀河団　　137
　：銀河群や銀河団が集まって創る、1億光年を超える大きさの集団構造。
超新星［現象］　　56, 58
　：恒星進化の最終段階に起こる大爆発。極大絶対等級はマイナス18〜20等になり、太陽の数億〜数100億倍の明るさに達する。
超新星残骸　　56, 58, 59, 93, 94
　：超新星の爆発によって、その周囲に生じている特別な物理状態の領域。
超新星レムナント　　93

Tアソシエーション　　99
Tタウリ段階　　71, 72
　：太陽系の生成過程で、誕生した原始太陽が約1000万年かけて徐々に収縮し、少しずつ暗くなり（林フェイズの過程）、その後に状況が変わって激しいガス放出を始めた段階。現在、よく似た状況にある「おうし座T星」にちなんでいる。
定常宇宙論　　150
　：ホイルらが提唱していた膨張宇宙論。膨張で生ずる空間に絶えず物質が創造され、宇宙における物質密度は一定に保たれるとする説。
電荷結合素子　　166, 172
電波銀河　　125
天文広域精測望遠鏡　　167
　：四カ所に設置した電波望遠鏡により、銀河系に存在するメーザー源の位置を三次元で精測し、超高精度で銀河系全体の天体の位置と運動を知ろうとする装置。

閉じた宇宙　　147
　：宇宙の平均密度が大きく、全体に十分な質量があれば、遠去かっていく銀河はいつしか停止し、その後は収縮に向かう。このような宇宙を、閉じた宇宙という。

ドップラー効果　　7, 20, 141, 151
　：一定の波長の波を出している物体が、固定観測点から遠去かるときは波長が長い方にずれ、近付くときは短い方にずれて観測される現象。

ドップラー偏移　　20

【な行】

II型の超新星（爆発）　　41, 57, 59, 127
　：質量が太陽の7倍以上の星が進化しつくしたときに起こす大爆発。星が進化し、中心部につぎつぎに原子量の大きい元素がたまると、過度の圧力のため電子が縮退した核になる。縮退した核が重力崩壊を起こすと温度が急激に上昇し、核反応の暴走を起こして膨大なエネルギーを生み出し、星を吹き飛ばしてしまう。これがII型の超新星である。あとには核の部分が中性子星となって残る。

二重星　　6
ニュートリノ　　**62**, 64

年周視差　　10
熱型検出器　　170

【は行】

白色わい星　　21, **32**, 33, 40
　：白くて小さい星。赤色巨星が脈動ないし恒星風の吹き出しによって外層をほとんど失い、最後に残した中心部。太陽と同じ質量ながら半径が100分の1程度しかない非常に高密度な天体。

爆発星　　47
バーゴ＝Virgo　　68
　：フランス、イタリアの協同により、重力波検出のために建設された、長さ3キロメートルの干渉計。

ハーシェルの恒星宇宙（模式図）　　104
パーセク　　10
ハッブル宇宙望遠鏡　　157
　：NASAとESAが協同で製作した口径2.4メートルの反射望遠鏡。地上570キロメートルの上空にあって、約96分で地球を周回する軌道に載せられている。大気による障害を受けないため、地上では得られない鮮明な天体画像が得られ、大きな成果を上げている。

ハッブル・キープロジェクト　　143
　：ハッブル宇宙望遠鏡を優先的に使用し、正確なハッブル定数を求めようとしているプロジェクト。

ハッブルの音叉型分類　　121
ハッブルの定数　　143, 144
ハッブルの法則　　142, 144

パルサー　　59
　：数秒から数ミリ秒の間隔で、規則正しく電磁波（電波，ガンマ線，X線，可視光線など）を放射している中性子星。
林フェイズ　　72
　：太陽系の形成を説明する京都モデルにおいて、フレアーアップからやがて力学的平衡に落ち着いた時点で誕生した原始太陽が、その後、約1000万年かけて徐々に収縮し、少しずつ暗くなっていく過程。
伴銀河　　122
伴　星　　7
半導体検出器　　172
反復新星　　54
　：二回以上新星現象を繰り返した星。

光電離　　89
　：原子に波長の短い光が当たって電子がはじき出され、原子がイオンに変化すること。
ビッグバン理論　　149
　：宇宙は、最初非常に高温、超高密度の小さい火の玉のようなものであり、それがなんらかの原因で大爆発を起こして膨張を始めたと宇宙の始まりを説明する、ガモフの説。
ヒッパルコス衛星　　12
標準太陽運動　　79
　：太陽が周辺の星に対して、赤経18時04分、赤緯＋29度の方向へ、毎秒19.5キロメートルの速度で移動している運動。
開いた宇宙　　147
　：宇宙の平均密度が小さく、全体の質量が不十分であれば、遠去かる銀河は永遠に離れ続ける。このような宇宙を、開いた宇宙という。
比例係数管　　172，174
微惑星　　73
　：太陽系の生成過程で、公転の中心面に集まったダストは、衝突、合体して徐々に大きくなる。このダスト層の密度がある程度大きくなると、急に力学的不安定が生じてたくさんの塊に分裂し、それぞれが一つに集まって半径数キロメートルほどの大きさになる。このそれぞれの塊が微惑星である。

フェイバー・ジャクソン法　　128
　：楕円銀河の中を運動する星の速度と、銀河の真の明るさとの間の相関関係から、楕円銀河の距離を決定する方法。
不規則銀河　　119，120，121
フライバイ効果　　97
ブラックホール　　41，57，**59**
　：超巨大質量の物質が高密度に存在していて、ここから脱出するには光速以上の脱出速度が必要になる領域。つまり、ここからは光すら出られないのでブラックホールという。

フレアーアップ　71, 72
：太陽の生成過程で，収縮の中心部に芯ができ，さらに落下してくるガスと芯との衝撃波面が収縮するガスの表面に近付き，表面が急激に熱せられて輝き始めた段階。
フレア星　47
：数秒のうちに数等増光し，数分でもとの明るさに戻る爆発星。
分光視差　22, 23
：スペクトルによる分光から星の絶対等級を求め，それを実視等級と比較することでその星の距離，つまり，年周視差を知ることができる。こうして求めた年周視差を分光視差という。
分光連星　7
分子雲　87, 94, 96, 99

ベッポ・サックス　132
：イタリアとオランダが協力して打ち上げたガンマ線観測衛星。
ベラ計画　110, 167
：国立天文台が進めている，口径20メートルの電波望遠鏡（天文広域精測望遠鏡）四基によって銀河系全域の星の位置と運動を，精密に観測する計画。
ヘリウム燃焼　37
：3個のヘリウムの原子核が融合して炭素の原子核になり，その原子核がさらにヘリウムの原子核と融合して酸素になる核反応。
ヘリウム・フラッシュ　75
：質量が太陽と同じ程度の星の場合に起こる，爆発的に始まるヘリウム燃焼。
ヘルツシュプルング・ラッセル図　21
変光星　45
偏平楕円体部　106, 107
：銀河系の構造で，球状星団，星団型変光星など種族Ⅱの天体を含んで，円盤部を大きく包んでいる偏平な楕円体の部分。

ボイド＝超空洞　135, 136
：宇宙空間の中で，銀河がほとんど存在していない大きな空洞領域。
棒渦巻銀河　120, 121
放射圧型恒星風　31
ポグソンの式　3
星（どんなところにできるのか）　94
星の明るさ　3, 13
星の色　14
星のエネルギー　35
：星は，星自体が重力によって収縮するときの位置のエネルギーを取り出すか，星を構成する物質の原子核反応のエネルギーで光っている。
星の大きさ　25

星の温度　　15
：黒体が放射する電磁波の波長分布は温度だけで決まり、形状がわかっている。星もその温度にしたがって電磁波を放射し、連続スペクトルをつくるが、黒体に非常に近い放射をするので、その連続スペクトルの形から放射をしている星の表面温度を知ることができる。

星の数　　4, 5
星の質量　　27
星の自由振動　　49
：星が行なう膨張・収縮運動の繰り返し。一般に星は上層ガスの質量による重力を、内部ガスの圧力が支えて釣り合っている。もし、何かのきっかけで星全体が押し縮められると、内部のガス圧が重力を上回って星は膨張を始める。しかし、膨張が釣り合い点を超えると内部のガス圧が下がるので、重力の方が大きくなって星は収縮に向かう。こうして星が膨張・収縮を繰り返すのが自由振動である。しかし、やがてエネルギーが失われて、振動は止まる。

星の種族　　44
：青と赤のフィルターで取り分けたアンドロメダ銀河の写真から、青い星は銀河円盤とその腕の部分に集中し、赤い星は中心部のバルジ周辺に広がり、きれいに分かれて存在することがわかった。この区別は銀河系を含む多くの銀河にもあり、青い星を種族Ⅰ、赤い星を種族Ⅱと区別している。

星の生涯　　39, 40, 41
星までの距離（年周視差による）　　9
　　───（分光視差による）　　22

【ま行】

マゼラン雲　　121, 122

ミッシングマス＝暗黒物質　　146
密度波　　111
：広がりをもつ物質の中を、密度の高い部分が、波となってしだいに移動していく現象。
ミリ波　　162
：波長1ミリから1センチメートルの帯域の電磁波。ミリ波帯にはたくさんの星間分子がスペクトル線をもっており、電波天文学にとって非常に重要な情報源の帯域である。
脈動変光星（とは何か）　　30, 32, 46, 47
　　───（距離が測れるのはなぜか、周期光度関係）　　50, 51

木星型惑星　　79
網状星雲　　93

【や行】

45メートル電波望遠鏡　　162
：長野県の野辺山、標高1350メートルの高原に設置されている口径45メートルの電波望遠鏡。口径では米、独に一歩を譲るが、面精度の良さからミリ波観測にかけては第一級の装置であり、国立天文台が世界に誇っている。

【ら行】

ラグランジュ点　　38, 159
：円軌道で回りあっている二天体の周囲にある力学的平衡点。全部で五点ある。近接連星系のロッシュ・ローブを結びつけている点もラグランジュ点の一つである。

ラムサ計画　　169

リゴ＝LIGO　　68
：アメリカで建設している、実長4キロメートルのレーザー干渉計重力波天文台。

リサ＝LISA　　69
：3個の人工衛星を利用して実現しようとしている、長さ500万キロメートルの干渉計構想。

量子型検出器　　171

臨界密度　　147
：閉じた宇宙と開いた宇宙の境界になる、宇宙の平均密度。およそ 10^{-20} kg／m^3。

ルメートルの宇宙論　　148
：宇宙は、最初には一つの原初の原子であり、それがつぎつぎに爆発的に分裂した結果、今日の宇宙が生じたとする説。ベルギーのルメートルが提唱した。

励起　　18
：核を周回する軌道電子がエネルギーを得て、エネルギー準位の高い外殻軌道に移動すること。

励起星　　89
：散光星雲に、紫外線を放射して光らせている、生まれたばかりの若い星。

連星　　6, 27, 39
：力学的に結びつき、互いに回り合っている複数の星。

連星パルサー　　69
：中性子星同志の連星。二星が衝突の際に生じるであろう重力波が、地球上の装置で検出できると期待されている。

ロッシュ・ローブ　　37, 38, 42
：近接連星系の二星の周りに生じる位置のエネルギーが等しい等ポテンシャル面の一つ。二星をとりまく面が一点だけでつながっている。

【わ行】

惑星　　73, 79

惑星状星雲　　91
：白色わい星の周囲で膨張しつつあるガス雲。赤色巨星が白色わい星に移り変わる段階で生じる。

宇宙の基礎教室　欧文索引

【A】

ALMA（Atacama Large Millimeter/Submillimeter Array）　169
：国際大型干渉計計画。
ANS（Astronomische Nederlands Satellite）　55
：X線バースターを発見したオランダの天文衛星。

【C】

CCD（Charge-Coupled Device）　166
：電荷結合素子。
COBE（Cosmic Background Explorer）　152
：コービー。宇宙背景放射探査衛星。

【D】

DIVA　13
：ドイツが予定している年周視差観測用衛星。

【E】

EKBOs（Edgeworth-Kuiper Belt Objects）　81
：エッジワース・カイパーベルト天体。
ESA（European Space Agency）　12
：ヨーロッパ宇宙機構。
ESO（European Southern Observatory）　161
：ヨーロッパ南天天文台。

【G】

GAIA　13
：ガイア。ヨーロッパ宇宙機構が打ち上げを予定している年周視差観測用衛星。
GEO　68
：ジオ。ドイツ、イギリス協同の600メートル重力波検出用干渉計。

【H】

HIPPARCOS（High Precision Parallax Collecting Satellite）　12
：ヒッパルコス。ヨーロッパ宇宙機構の高精度視差観測衛星。

【L】

LIGO（Laser Interferometer Gravitational-wave Observatory）　68
：リゴ。アメリカのレーザー干渉計重力波天文台。

索　引 191

LISA（Laser Interferometer Space Antenna）　69
　：リサ。三個の人口衛星を結ぶ、長さ500万キロメートルの重力波検出用干渉計。
LMSA（Large millimeter and Submillimeter Array）　169
　：ラムサ。大型ミリ波サブミリ波電波干渉計。

【N】
NGST（Next Generation Space Telescope）　158
　：次世代宇宙望遠鏡。

【Q】
QSO（quasi-stellar object ）　131
　：準星、準恒星状天体。
quaser　131
　：=quasi-stellar. クェーサー。

【S】
SDSS（Sloan Digital Sky Survey）　165
　：スローン・デジタルスカイサーベイ。

【T】
TAMA300　69
　：国立天文台の重力波検出装置（300メートル干渉計）。
TNOs（Trans-Neptunian Objects）　81
　：海王星以遠天体。

【V】
VERA（VLBI Exploration of Radio Astronomy）　167
　：ベラ計画。天文広域精測望遠鏡。
Virgo　68
　：バーゴ；フランス，イタリア協同の3キロメートル重力波検出用干渉計。
VLBI（Very Long Baseline Interferometer）　164
　：超長基線干渉計。
VLT（Very Large Telescope）　161
　：超大型望遠鏡。

宇宙の基礎教室　人名索引

【ア行】

アインシュタイン；Albert Einstein　　65
　：1916年、重力波の存在を予言。
アダムズ；Walter Sydney Adams　　32, 35
　：1925年、重力赤方偏移をシリウスBのスペクトル観測から初めて確認。
ウイルソン；Robert Woodrow Wilson　　150, 151
　：1965年、ペンジャスとともに宇宙背景放射を発見。
ウェーバー；Joseph Weber　　67
　：共鳴振動型の重力波検出アンテナを作って重力波の検出に挑戦。
ウォルシュ；Dennis Walsh　　134
　：1979年、重力レンズ現象を発見。
ウォルフ；Maximillian Franz Joseph Cornelius Wolf　　87
　：暗黒星雲に暗黒物質の存在を提唱。
エッジワース；Kenneth. E. Edgeworth　　81
　：1949年、海王星以遠に小天体群の存在を予測。
エディントン；Arthur Stanley Eddington　　29, 32
　：1924年、質量-光度関係を発見。
　：超高密度星のスペクトルに重力赤方偏移が現れることを示唆。

【カ行】

カイパー；Gerard Peter Kuiper　　81
　：1951年、海王星以遠に小天体群の存在を予測。
カーネイ；Bruce W. Carney　　113
　：1987年、暗黒ハロー部の大きさ、銀河系の総質量を試算。
カプタイン；Jacobus Cornelius Kapteyn　　104
　：1922年、星の計数で銀河系の大きさ、形を知ろうとする試みの最終的なモデルを発表。
ガモフ；George Gamow　　149
　：1946年、極小の高温、超高密度状態のものが爆発する形で宇宙が誕生したとするビッグバン理論を提唱。
カルシュナー；Robert P. Kirshner　　135
　：1981年、宇宙空間にボイド、ウォールの存在を発見。
クー；David Koo　　136
　：1990年、宇宙の大構造につき、ほぼ4億光年の等間隔で、銀河が規則的に分布していると発表。
グース；Alan H. Guth　　153
　：1980年頃、ビッグバン理論を支えるインフレーション理論を発表。
クロッツ；Didier Queloz　　82
　：1995年、「ペガスス座51番星」に惑星の存在の検出を発表。

ゲラー；Margaret J. Geller　136
：カルシュナーが発見したボイドとウォールの存在を確認。

【サ行】

佐藤勝彦；Sato Katsuhiko　153
：1980年頃、ビッグバン理論を支えるインフレーション理論を発表。
サンデージ；Allan Rex Sandage　130
：1950年代の終り、恒星状に光る小さな電波源（クェーサー）を発見。
ジャクソン；Robert E. Jackson　128
：1980年、楕円銀河までの距離を求めるフェイバー・ジャクソン法を導出。
シャプレイ；Harlow Shapley　105
：球状星団の分布から銀河系のモデルを提唱。太陽は銀河系の中心から5万光年はなれた位置にあるとした。
ジュウイット；David C. Jewitt　80
：1992年8月、1992 QB1を発見。
シュミット；Maarten Schumidt　130
：サンデージが発見した恒星状に光る小さな電波源（クェーサー）を観測し、1963年、可視光のスペクトルを同定。
スライファー；Vesto Melvin Slipher　141
：1910年の前半に、銀河の赤方偏移を発見。
セイファート；Carl K. Seyfert　124
：1943年、明るい中心核を持つ銀河の中心から、強く、幅の広い輝線の出ている活動銀河（セイファート銀河）を発見。

【タ行】

タリー；R. Brent Tully　128
：1977年、フィッシャーとともに、渦巻銀河の回転速度と真の明るさの間に相関関係のあることに気づき、銀河の真の明るさを見かけの明るさと比較することにより、銀河までの距離の算出法を見出す。
チャンドラセカール；Subrahmayan Chandrasekhar　34
：超高密度の天体において、電子の縮退圧で支えられる限界質量を算出。白色わい星の存在を理論的に推定。
ツビッキー；Fritz Zwicky　146, 133
：1933年、宇宙に暗黒物質の存在を指摘。
：1937年、重力レンズ現象観測の可能性を主張。
ディッケ；Robert Henry Dicke　152
：1964年、ペンジャスとウィルソンの発見した電波ノイズが、宇宙背景放射によるものであると示唆。

【ナ行】

ノルドグレン；Tyler E. Nordgren　25
：長さ37.5メートルの干渉計によって、多くの星の角直径を測定。

【ハ行】

パウリ；Wolfgang Pauli　　63
　：1931年、ニュートリノの放出を仮定し、ベータ崩壊をエネルギー保存則が成立する形に整備。

ハーシェル；William Herschel　　103, 91
　：1784年、初めて偏平な銀河系の構造を発表。
　：円盤状に見える星雲を「惑星状星雲」と呼んだ。

ハッブル；Edwin Powell Hubble　　120, 142
　：1926年、銀河の音叉型分類を発表。
　　1929年、ハッブルの法則を発見。

バーデ；Walter Baade　　44
　：1944年、青と赤のフィルターを使ったアンドロメダ銀河の撮像の違いから、種族Ⅰの星と種族Ⅱの星を区別。

バトラー；Paul Butler　　82
　：「ペガスス座51番星」の惑星を確認。

ヒッパルコス；Hipparchos　　3
　：初めて星の明るさを6段階に区分。

ファブリチウス；David Fabricius　　46, 47
　：1596年、「くじら座オミクロン星」ミラの観測から初めて星の変光を発見。

フィッシャー；J. Richard Fischer　　128
　：1977年、タリーとともに、渦巻銀河の距離を求める方法を導出。

フェイバー；Sandra M. Faber　　128
　：1980年、楕円銀河までの距離を求めるフェイバー・ジャクソン法を導出。

フェルミ；Enrico Fermi　　63
　：ニュートリノの存在の理論付けに成功。

ベル；Jocelyn Bell　　59
　：1967年、パルサーを発見。

ヘルツシュプルング；Ejnar Hertzsprung　　21
　：H-R図を作成。

ペンジャス；Arno Allan Penzias　　151
　：1964年、宇宙背景放射を発見。

ホイル；Fred Hoyle　　150
　：ビッグバン理論に対抗する定常宇宙論を提唱。

【マ行】

マイケルソン；Albert Abraham Michelson　　25
　：1920年、干渉計により初めて6個の星の角直径測定に成功。

マーシー；Geoffrey W. Marcy　　82
　：「ペガスス座51番星」の惑星を確認。

メイヤー；Michel Mayer　　82
　：1995年、「ペガスス座51番星」に惑星の検出を発表。

【ラ行】

ラッセル；Henry Norris Russell　　21
　：H-R図を作成。
リービット；Henrietta Swan Leavitt　　50
　：1908年、変光星の観測から周期-光度関係を発見。
リュウ；Jane Luu　　80
　：1992年8月、ジュウイットと共に1992 QB1を発見。
ルービン；Vera C. Rubin　　146
　：1980年頃、銀河の回転速度に影響を与える大量の物質が、銀河の外側にあることに気付く。
ルメートル；Abbé Georges Édouard Lemaitre　　148
　：1931年、一つの原初の原子から宇宙が誕生したというルメートルの宇宙論を発表。
レーサム；David W. Latham　　113
　：1987年、暗黒ハロー部の大きさ、銀河系の総質量を試算。
ロッシュ；E. A. Roche　　39
　：天体の平衡形状について研究。

《著者紹介》
長沢　工（ながさわ　こう）
1932年：東京に生まれる
1953年：栃木県立那須農業高等学校卒業
1963年：東京大学理学部物理学科天文課程卒業
1965年：東京大学大学院数物系研究科天文コース修士課程終了
1965年：東京大学地震研究所勤務
1978年：理学博士
1993年：定年退官
主な著書：『天体の位置計算』、『天体力学入門（上・下）』、『流星と流星群』、『日の出・日の入りの計算』、『天文台の電話番』以上、地人書館。
『パソコンで見る天体の動き』（共著）地人書館。
『流星（1，2）』恒星社厚生閣。

宇宙の基礎教室

| 2001年4月15日 | 初版第1刷 |
| 2002年9月1日 | 初版第2刷 |

著　者　長沢　工
発行者　上條　宰
発行所　株式会社　地人書館
　　　　〒162-0835　東京都新宿区中町15
　　　　電　話　03(3235)4422
　　　　ＦＡＸ　03(3235)8984
　　　　e-mail：KYY02177@nifty.ne.jp
　　　　ＵＲＬ：http://www.chijinshokan.co.jp
　　　　振替口座　00160-6-1532
印刷所　モリモト印刷株式会社
製本所　イマキ製本

©K.NAGASAWA 2001, Printed in Japan.
ISBN4-8052-0684-5 C3044

JCLS 〈㈳日本著作出版権管理システム委託出版物〉
本書の無断複写は著作権法上での例外を除き禁じられています。複写される場合は、その都度事前に㈳日本著作出版権管理システム（電話03-3817-5670、FAX03-3815-8199）の許諾を得てください。

― 地人書館の天文図書

天文の基礎教室

土田 嘉直 著

　空はなぜ青いの？どうして昼と夜があるの？　地球の重さはどうやって測ったの？　月の満ち欠けはなぜ起こるの？　月や太陽は、高く昇ったときより低い時のほうが大きいのはなぜ？
　このような素朴な質問に合って、上手く答えられずに困ったことはありませんか。身近かな、わかりきったことでありながら、いざ答えるとなると自分の知識が曖昧で、どう説明したら良いのかわからなくなってしまうことがあるものです。
　しかし、観測用衛星を打ち上げ、大気圏外に出て天体を観測をするようになった今日、月や星の話は苦手などといってはいられません。子供たちの天文への疑問に正しく答え、次えの展開に続くように説明してやれるなら、子供たちの探究心をそそり、自ずから科学する心が育くまれます。
　この本は、小中学校の先生が生徒から受けた質問を集め、興味をそそる天文現象を加え、"なぜ" "どうして" の問いかけに起こして、わかりやすく解説しました。親と子がいっしょに科学するために創られた最高の贈り物です。

ISBN4-8052-0490-7 C3044　　　　　　　　A5判　220頁　本体1,800円

天文の計算教室

斉田 博 著

　春分の日には昼夜が等しくなるだろうか？　明日の日の出は何時だろうか？東京タワーからものを落とすと真下に落ちるだろうか？‥‥ひごろ話題にされる問題に、自分の力で答えを出してみることは、正しい態度であるし、天文学の理解に大いに役立ちます。しかも、その過程では、読書だけでは得られなかった思いもよらない新事実を発見して、嬉しくなったりするものです。
　本書は、興味ある天文現象をできるだけ多く集め、電卓で手早く答えを導ける問題としたものです。ぜひ鉛筆を手にして知恵をしぼり出してください。取り上げた内容は、高度の知識を必要としない基礎的なものばかりですが、けっして程度の低いものではありません。計算が得手、不得手にかかわらず挑戦してみましょう。正解であれば新鮮な感動を得られ、いつのまにか天文に強くなっている貴方を発見できるはずです。

ISBN4-8052-0602-0 C3044　　　　　　　　A5判　230頁　本体1,800円

（上記の本体価格には消費税は含まれておりません）

地人書館の天文図書

天文台の電話番
長沢 工 著／四六判／272頁／本体1,800円
国立天文台広報普及室の業務の一部に、一般質問電話への応接がある。その応接にあたっている著者が、引っ切りなしにかかってくる電話の質問を通して現代日本の世相を軽妙なタッチで描き出し、やりとりの内容から垣間見る、わが国の理科教育の危機的状況に警鐘を鳴らす、ユニークな本。
ISBN4-8052-0673-X

春の星座博物館
山田 卓 著／B6判／232頁／本体1,650円
ユニークなイラストやマンガ、ユーモアあふれる記述で多くのファンを持つ著者が、星座の見つけ方からその歴史、星の名前、伝説、星座のみどころなどを四季に分けて書き下ろしたもの。春の巻では、やまねこ、しし、おおぐま、おとめ、ケンタウルス、うしかい、かんむりなど16星座を取り上げた。
ISBN4-8052-0160-6

夏の星座博物館
山田 卓 著／B6判／232頁／本体1,650円
夏休みは山や海に星の観測旅行に絶好の季節。夏の巻では、星座めぐりの楽しいコツを説明。星を見るのに必要な内外の星図を紹介している。取り上げた星座は、てんびん、さそり、へびつかい、ヘルクレス、こぐま、はくちょう、こと、りゅう、こぎつね、や、わし、いて、みなみのかんむりなど19星座。
ISBN4-8052-0163-0

秋の星座博物館
山田 卓 著／B6判／232頁／本体1,650円
秋から冬にかけては空も澄み、星々も輝きを増す。秋の巻では「気持ちのいい星を見る」ために、肉眼や双眼鏡を使った観測方法や、昼間の星見のコツを紹介。取り上げた星座は、アンドロメダ、ペルセウス、ペガスス、みずがめ、やぎ、カシオペア、くじら、おひつじ、さんかく、うおなど18星座。
ISBN4-8052-0170-3

冬の星座博物館
山田 卓 著／B6判／232頁／本体1,650円
寒い冬は透明度やシーイングがよく、星を見る条件は四季の中でも最高。冬の代表的星座はオリオン座。この星座の二つの一等星をはじめ、ぎょしゃ座のカペラ、おおいぬ座のシリウスなど八つの一等星が、冬の星空のみどころ。これらを中心に観測方法、観測のコツなどを解説。
ISBN4-8052-0180-0

（上記の本体価格には消費税は含まれておりません）

― 地人書館の天文図書

日の出日の入りの計算
―天体の出没時刻の求め方―
長沢 工 著／A5判／168頁／本体1,500円
一般の人にはわかりにくい日の出入り、月の出入りの計算法を、誰にでもわかるように、丁寧に解説したもの。これまでに無かった大変便利な指導書として、発行以来、大好評を得ている。
ISBN4-8052-0634-9

おはなし天文学　1
斉田 博 著／B6判／256頁／本体1,500円
天文学の進歩の舞台裏をユニークな筆致で描き、太陽から水星、金星、地球、火星までの話題を集めた。内容：宇宙の中の太陽／黒点周期の発見／地球上の緯度と経度／まぼろしの惑星バルカンを求めて／一日にお正月が二回もある世界／火星人は空想の世界に／望遠鏡の発明者はだれ！／他、全21話。
ISBN4-8052-0652-7

おはなし天文学　2
斉田 博 著／B6判／256頁／本体1,500円
おはなし天文学1に続く太陽系の裏話。小惑星、木星から冥王星までの惑星、彗星、流星の話題を集めた。内容：小惑星発見競争の幕あき／消えることのある土星の輪／ハーシェルと天王星の発見／紙とペンで発見した海王星／冥王星がやってきた／ハレー彗星の確認／友情で生まれた電波天文学／他、全23話。
ISBN4-8052-0653-5

おはなし天文学　3
斉田 博 著／B6判／256頁／本体1,500円
日食、地球、月に関するエピソードを通して、天文学発展の過程と天文学者の人間性に迫る。内容：タレスの日食予報はまぐれ当たり／日食―そのとき動物は何をしたか／大地はまるかった／コロンブスの発見は誤算のおかげ／月の衛星を探した人達／地平線に見える月はなぜ大きい／他、全19話。
ISBN4-8052-0654-3

おはなし天文学　4
斉田 博 著／B6判／300頁／本体1,500円
天文学者にスポットを当て、太陽系の真の姿がどのようにして明らかにされてきたかを紹介。内容：彗星珍説ラインアップ／バーナード―アマチュア時代の苦闘／カリントンの幽霊屋敷／ホイヘンス土星の輪十四番勝負／ハーシェルは天王星の輪を見たか／変な天文学者ニコルソン／他、全22話。
ISBN4-8052-0655-1

（上記の本体価格には消費税は含まれておりません）